連鎖經營學

建立優勢，
人才管理與效益最大化

李善奎 著

連鎖經營企業的人才領導與培訓策略，
建立健全機制，人力資源成本管理的智慧

建立有效的人力資源管理系統，確保企業運作的順暢
人力資源管理最佳實踐辦法，應對各式各樣的挑戰
實用的指導原則和建議，提升管理效率
分析企業管理中的關鍵問題，以最快的速度對症下藥

U0078351

目錄

目錄

第三章
在職員工素養提升

第四章
在職員工績效評定

目錄

第八章
用人風險管控

附：員工宿舍入住協議書

推薦序一

　　偶然機會與善奎相識，最喜歡聽他滔滔不絕地講述在企業中進行的人力資源實踐，那一刻我覺得其他很多理論都顯得蒼白無力，而善奎帶領他的團隊所做的連鎖企業人力資源管理創新實踐是那樣的靈動而富有吸引力。

　　善奎曾在烘焙連鎖企業任總經理助理，管理該企業的人力資源部。在任期間使該人力資源部從只有他一個人，發展到 40 多人。善奎是一位充滿熱情的人力資源管理者，他能夠堅持兩年在每個工作日的中午都帶領團隊成員一起學習人力資源管理，把很多剛剛畢業的大學生培養成能夠獨當一面的主管，以至於他的人力資源團隊成為很多競爭對手挖人的對象。善奎說他最有成就感的是看到他培養的團隊成員在人力資源管理中做出超越他想像力的創新。

　　我每次走入他的團隊，看到他們不斷拓展的徵才管道和讓人耳目一新的徵才方式；看到一疊疊自主開發的教材和熱情四射的培訓課堂；看到他們親自進行市場調查研究並用第一手資料創新設計的調薪機制；看到他們一次次地嘗試和完善如何將門市績效管理納入資訊化系統……每一次我都有種莫名的感動，因為他們走在人力資源管理實踐的最前端，他們在做著人力資源管理最在地的實踐。

　　哪怕只有兩個月不見，善奎和他的團隊總是有讓我目不暇接的創新成果。他們從最開始的員工入職、離職資訊化，到考勤資訊化，到員工職位升遷資訊化，再到績效管理和薪酬的資訊化，從點到面逐步探索出了基於資訊化的連鎖經營企業人力資源管控模式，其實這個管控模式已

經遠遠超出了人力資源管理的範疇，滲透到企業營運的方方面面。善奎所在的烘焙企業也在這個管控模式下取得了突飛猛進的發展。

人往往成為連鎖企業快速發展的桎梏，但本書提出的基於資訊化的連鎖企業人力資源管控模式，將連鎖企業人力資源管理的人力資源規劃、職位分析、徵才、培訓、升遷、績效、薪酬、員工保留等模組協調地整合在一起，而且能夠與連鎖企業的經營業務無縫接洽，使人從企業發展的瓶頸轉換為企業發展的動力源，對提升連鎖企業營運績效起到了很好地促進作用。

我曾經鼓勵善奎將他所做的人力資源管理創新實踐寫成書分享給更多的人，但是當他將成稿放在我的面前的時候還是令我非常驚訝，因為他平時工作非常忙碌，還能靜下心來寫作，而且非常高效率地完成了。但，想一想，也應該在意料之中，因為書中所有的一切他都熟稔於心。

本書系統介紹了基於資訊化的連鎖經營企業人力資源管控模式，都是善奎在企業管理實踐中逐漸摸索出來的，書中的很多案例雖然隱去人名，但是都是他在實際工作中的親身經歷。更為寶貴的是，這個模式在實踐中得以實施並已經得到了績效提升的驗證。

連鎖企業已經成為服務業的主流發展模式，希望本書的出版能夠讓更多的連鎖企業透過構建基於資訊化的人力資源管控模式不斷提升自己的競爭力，也希望湧現出越來越多的像善奎一樣充滿熱情與創新的人力資源管理從業者！

朱寧博士

推薦序二

連鎖經營模式作為商業模式的一種，有其經營分散、分權集權、中央管控、異地管理的特點。隨著商業環境的變遷，連鎖經營模式也出現了多種變異，但核心的經營特點沒有根本改變。連鎖經營企業如何保障集團的協同效應？如何實現各經營單元與總部平臺間的無縫接洽？如何既發揮總部「頭腦」與管控作用，又不失分散地經營各單元？這些問題一直困擾著企業界的朋友們。雖有各種圖書闡述連鎖經營企業的經營管理模式，但針對連鎖經營企業的人力資源管理的書還不是很多，特別是在「新常態」的社會大背景下，各家企業經營狀況都或多或少地受到經濟低迷的影響，本身業績下行壓力就很大，連鎖經營單元又過於分散，企業一個管控環節沒有得到有效控制，就有可能導致企業虧損甚至倒閉，更需要這類書。

大數據技術與宏觀經營環境的變化給企業管理帶來很大挑戰，人力資源部門作為企業的先鋒部隊，在管理中必須率先思變，不再是傳統的人力資源六大模組的更新那麼簡單了。人力資源部門應承擔起更多的經營職能，應與企業其他組織機構無縫結合與共進，更應結合經濟發展新環境開闢產業管理新途徑。

本書是善奎用了三年的時間，在連鎖經營產業帶領團隊工作、思考、摸索、創新、實踐的結晶。本書對人力資源各模組的系統化管理，人力資源部門與企業其他組織機構的無縫接洽、系統構造與連接，人力資源在整個新經濟形式下的思維轉變與突破進行了詳細地梳理與闡述。

本書能夠成功編寫有賴於一群對人力資源摸索、專研、創新極富熱

情的年輕人：李善奎、李楊均、杜豔瓊、邵丹丹、龐峰、殷欣、房芳、盛金萍、卓海英、牛永梅、丁春暉、顧泓……本書能幫助讀者更便捷地了解連鎖經營管理企業的新型管理模式，能在連鎖經營企業實現大數據管理中盡綿薄之力。

　　雖然作者非專業作家，書中不免有不足和疏漏之處，但也不失為連鎖經營企業一本好參考書。

師傅：朱學令

推薦序三

　　我身為一個產業裡的服務人員，畢竟不是產業裡的專家，從業時間也才 10 多年，難免對產業認識不夠深刻，然而受邀為本書作序，盛情難卻，我只好接受。

　　本書通篇以如何進行連鎖經營企業人力資源管控為主，那我就以我稍微熟悉的連鎖餅店產業為切入點，故作姿態，談點心得體會。

　　從業以來有幸一直為連鎖烘焙產業服務，又有幸趕上烘焙產業發展最快的 10 年，更有幸並承蒙不棄向產業的各位專家前輩學習。縱觀餅店產業這 10 多年的高速發展，取得了驚人的成績。但是，目前產業產品同質化嚴重、企業定位模糊、無序競爭等問題日益突出，追根究柢都是人的問題。人力資源的短缺，尤其是高素養、高技能人力資源的缺乏已經阻礙了產業的快速發展。如何解決好人的問題，是企業乃至整個產業可持續發展的關鍵問題。李善奎先生的書應運而生，肯定能給產業內一些企業的人力資源帶來系統的思考。當然僅憑一本書就想解決整個產業的人力資源問題也不大現實，希望李善奎先生繼續深入地探索研究連鎖經營企業的「人的問題」，並以此推動或帶動一批甚至一大批有志之士共同研究和探討。

前言

　　一些傳統的經濟業態，因不能適應經濟的發展規律，正一個個壽終正寢，而同樣是傳統產業之一的連鎖經營業，因其產業特徵及優勢卻在蓬勃發展。不管是全球的連鎖經營企業，如肯德基、麥當勞、7-11 等，在規模效應、品牌效應等的綜合作用下，雖不斷受到競爭加劇、新型業態（電子商務）等的衝擊，但在整個國民經濟中的比重仍呈現不斷上升的趨勢。

　　不得不正視的狀況是，雖產業在發展，但也有不少連鎖經營企業不盡如人意。之所以會這樣，除了一些客觀因素外，企業的內部管理存在諸多問題，特別是作為連鎖經營企業靈魂性的服務標準化，可謂做得一塌糊塗。作為服務的主體 —— 「人」的標準化對於連鎖經營企業的成敗起著舉足輕重的作用。企業如何就此問題來進行有效管控呢？

　　在解決這一問題之前我們先分析一下連鎖經營企業的特徵。

　　一個企業以同樣的方式、同樣的價格在多處名稱相同的店鋪裡出售某一種（類、品牌）商品或提供某種服務的經營模式即為連鎖經營。連鎖經營以連鎖店作為其存在的載體，其特徵如下：

1. 統一的企業形象。如統一的 Logo（標誌）、統一的裝修風格、統一的裝飾、統一的商品系列等凡屬於顧客能夠看到的地方都是統一的，這有利於強化品牌形象，提升品牌影響力。

2. 統一的管理。企業管理的目的是實現企業目標，而企業目標的實現又依賴於企業管理。統一管理是連鎖企業最基本的特徵，因為只有透過各分店聯合運作，才能形成集團的競爭優勢，才能充分發揮連

鎖品牌效應。為此，連鎖分店必須接受總部的統一管理，實施統一的營銷策略和策略。

3. 統一的服務。一般的連鎖企業在前兩個方面都是可以做到的，但統一的服務除了外在表現形式方面之外，其他的方面都處於不可控狀態。

　　為了有效實現真正「連而能鎖、連而真鎖」，企業必須滿足以上連鎖經營業態的特徵要求，特別是最難以實現的統一服務，就此難題解決之道，「人」是重中之重！

　　在越來越窘迫的徵才環境下，如何保證連鎖企業能徵才到想要的人才？在遠程管控的情況下，如何實現職位編制的有效管理？如何既保證企業員工的薪資市場競爭力，還能有效管控人工成本？如何最大限度地激發員工的工作積極性？如何既滿足企業經營管理需要又能夠最大限度地控制用人風險？這一系列問題的答案即是本書論述的主題 —— 連鎖經營企業人力資源管控。

李善奎

第一章
職位編制控管

　　連鎖經營企業運作系統是一個非常嚴謹的系統，雖大部分消費者只看到為其提供服務的門市，實際上如果沒有很多支援部門的鼎力配合，諸如物流配送部、人力資源管理部、企劃宣傳部等，門市經營可能就會出現貨品不足、人員不適用等嚴重的經營性問題。

　　連鎖經營企業的連鎖門市分散，各門市的經營環境各異，如何在保證各連鎖門市正常經營的前提下實現人員數量的控制，是很多連鎖經營企業管理者最為困惑的問題之一。如果連鎖經營企業總部完全控制人員數量，很有可能會出現與各門市實際情況出入較大導致門市經營受損的問題；如果將人員數量的控制權下放到各門市，又很有可能造成各門市在人員數量上分配不均或人工成本與銷售規模不成比例的局面。

　　連鎖經營企業總部如何進行門市的編制控管呢？需要熟悉連鎖經營管理的人力資源專業人員與連鎖經營營運管理的專家對各門市確定編制制規則進行充分討論，並在實際門市調查研究分析的基礎上，制定出連鎖經營企業各門市的編制控管標準，同時透過現代化的資訊管理工具實施動態管控，方可發揮編制控管的效能，提升連鎖經營企業的營運效益。

門市分類

　　連鎖店面處於不同的區域、不同的業績範圍、不同的市場、不同的競爭環境、不同的策略位置，如果統一按照一個標準對連鎖經營門市進行管理，必然造成顧此失彼，導致各門市怨聲載道，最終損害顧客利益及企業效益。只有按照一定規則對所有店面根據不同的情況進行分類，並按照類別標準進行管理，才能既滿足連鎖經營企業的共同特徵，又滿足店面的個性需求，最終達到對連鎖經營企業的有效管控。

　　連鎖經營企業一般先將不同店面按照店面常規經營業績水準進行分級，如一級店、二級店、三級店等，然後再結合其他特殊情況將不同等級的店面進行矩陣細分店面型態。如剛進入新市場的連鎖店面，一般將其店面型態定義為策略店；處於與本連鎖經營企業店面一定距離範圍內（不同性質連鎖店面，其具體的設定距離會有所區別）形成強競爭態勢（如家樂福與沃爾瑪）的其他連鎖店面，一般將其定義為競爭店；有些店面因具備其他店面不具備的特殊職能（如一般店面不具備配送職能、特定店面具備此職能者），一般將其店面型態定義為職能店；還有在本連鎖體系中面積超級大或小的店面，一般將其店面型態定義為旗艦店或小店。連鎖店面型態分類見下表。

連鎖店面型態分類表

戰略	競爭	職能	旗艦	小店
一級戰略店	一級競爭店	一級職能店	一級旗艦店	一級小店
二級戰略店	二級競爭店	二級職能店	二級旗艦店	二級小店
三級戰略店	三級競爭店	三級職能店	三級旗艦店	三級小店
四級戰略店	四級競爭店	四級職能店	四級旗艦店	四級小店

確定編制

連鎖店面編制一般是按照銷售額除以人均銷售定額的標準進行設定，同時考慮店面型態的差異對店面編制數進行彈性調整。

1. 設定人均銷售定額

一般每個連鎖店人均銷售額都會有個數據區間，如烘焙業人均銷售額在 600 至 1,200 元。企業設定人均銷售定額的時候首先應以產業數據作為重要參考，即具體的人均銷售定額應處於產業數據區間，這樣的設置一般比較符合實際需要。

1. 對不同等級常規連鎖店面的人均銷售額進行統計。
2. 推算不同等級常規連鎖店面的實際人均銷售額。
3. 取推算數據與產業數據進行比對，確定人均銷售定額。

如果推算的數據低於產業最低值，企業一般取產業最低值作為人均銷售定額的基礎值；如果推算的數據高於產業最高值，一般按照推算數據作為該企業的人均銷售定額值。一般推算的數據處於產業數據區間的居多，如筆者曾經服務的一家企業推算的人均銷售定額是 1,000 元，就處於產業數據區間（600 至 1,200 元）。

有人會問是不是在產業數據區間的推算值就是人均銷售額的設定值呢？當然不是。企業一般可按照平均值（剔除價格指數的影響）根據實

際情況逐月遞增一定的比例，直至遞增至 20% 來確定人均銷售定額。同樣，低於產業數據的企業，按照產業數據的最低值逐月遞增；高於產業數據者，按照產業數據最高值作為銷售定額的標準值即可。

2. 各型態店面確定編制標準

策略店、競爭店在連鎖經營企業中除了發揮貢獻銷售額的作用外，同時還有開啟新市場、打擊競爭對手的策略職能，對於這兩種型態店面編制的確定不能簡單地按照門市實際銷售額除以人均銷售定額的標準確定編制，而應在推算編制的基礎上調升一定比例（10% 以內）以支援開拓市場、打擊競爭對手的工作。其具體增加職位數由連鎖經營企業人力資源部門專業人員和負責店面現場管理的管理人員（一般為店長）磋商、確定。

總之，職能店的編制數一般是按照店面實際銷售額除以銷售定額推算編制數與根據具體職能需要增加相應編制數之和的方法來確定的，其公式為：

> 店面人員編制數＝店面實際銷售額＋人均銷售定額＋職能職位編制數

如肯德基中的外送職位，有此職能的肯德基店面根據配送量確定增加外送的職位數，最終店面編制數就是根據銷售額核算編制數與職能增加編制數之和。

旗艦店的編制確定一般在人員銷售定額推算編制的基礎上根據店面的具體面積、店面防盜設施配置狀況等由人力資源部和負責店面的管理人員磋商、確定。

小店確定店面編制同樣也是按照店面實際銷售額與門市人均銷售定

額確定的，但有可能會出現推算編制數過小的狀況，如核算編制數為 1 個編制，一旦出現此問題，一般按照連鎖門市正常營運的最小職位配置店面編制數量，如因門市採取兩班制的作息時間制，同時還要有專人負責店面收款工作，在考慮店面員工每週至少要休息 1 天，每家店面最少要有 4 人才能營運，即使透過推算編制數少於 4 人，對於此店面編制也應以 4 人為標準。

店面編制的確定一般按照一店一編的原則進行。

管控編制

　　連鎖經營企業因經營單位過於分散，最大的挑戰就是如何對其進行有效的即時管控。如果過於分權可能造成經營單元自由權過大而導致失控，而過於集權也可能造成經營單位自由度過小而消極怠工的局面。如何協調並發揮分權、集權的優勢呢？人力資源資訊管理系統可以解決此問題，但人力資源資訊管理系統最好根據企業情況訂製開發。

　　連鎖經營企業面臨的市場環境瞬息萬變，員工群體相對於房產、金融等產業的薪資福利又很難具備競爭力，而相對於工業企業等又過於開放，員工穩定性一般較差，如何做才能夠既兼顧門市銷售數據採集實現連鎖門市編制管理，又即時地對門市員工的異動資訊進行動態管理？

　　員工線上資訊管理系統是連接連鎖門市銷售與人力資源管理的資訊管理系統，傳統的銷售管理系統與人力資源管理系統是兩個涇渭分明的管理系統，一般會出現銷售部門與人力資源部門因資訊溝通不暢而導致互相指責的狀況。透過員工線上資訊管理系統，人力資源部門就能很直觀地了解到門市的動態編制數量需求，監控因人員辭職、升遷、調店、開除、自動離職等造成的缺工數量等，以便及時開展人員缺工補充工作，提升人力資源部門對連鎖門市人員補充上的效能水準。人力資源部門也可以根據此系統資訊及時地展開離職員工的公司物品清點、考勤統計、薪資核算等職能工作，大大提升人力資源部門的服務效率水準。

　　員工線上資訊管理系統開發步驟如下：

第一章
職位編制控管

1. 確定連鎖經營各門市的店面分類。
2. 確定連鎖門市的人均銷售定額及確定編制標準（詳見各型態店面確定編制標準）。
3. 連鎖門市日銷售系統與門市人均銷售定額及確定編制標準數據接洽，動態核算門市日定員數。
4. 旺季動態統計門市日應確定編制數，並以月為單位核算日均編制數作為次月門市動態確定編制基數。
5. 員工線上資訊管理系統根據門市實際銷售與確定編制標準核算日均應需編制數，如小於上月確定編制基數，且本月中累計日應確定編制人員數超出上月確定編制基數的銷售天數小於 10 天者，本月日均應確定編制數作為次月門市動態確定編制基數。
6. 透過系統自動統計出現當月連續 1 週或累計 15 日連鎖門市日應確定編制數超出系統設確定編制制基數者，員工線上管理系統預警功能會透過門市名稱顏色的變化實現及時預警。人力資源部門專業人員應及時與連鎖經營門市管理人員（一般為店長）共同協商、溝通門市是否需增加編制（連鎖經營企業因不同門市的客單價不同，銷售額增加不一定導致客單數的上漲），需要增加者，人力資源部門透過員工線上管理系統後臺直接修訂編制數；不需增加者，人力資源專業人員透過此系統後臺直接解除系統預警。
7. 員工線上資訊管理系統與員工檔案管理系統互相連結，員工線上管理系統核定的當月編制數決定了指定店面員工考勤號碼數（或員工編號），即如某一連鎖門市員工線上管理系統設置的編制數為 10 個，那麼此門市中正常出勤的員工考勤號碼數也應為 10 個，因員工線上管理系統與員工檔案管理系統數據是互相可搜索到的，連鎖經

營門市辦理新員工入職手續時只能在 10 個人以內辦理。超編辦理員工入職作業，資訊系統不予支援。

連鎖門市為了保障新入職人員能夠及時辦理入職程序，必須及時透過員工線上管理系統將離職員工資訊上傳，不然即使某門市編制數量為 10 個，已經有 2 個員工辭職並離職，因沒有辦理離職交接手續，門市又沒有在員工線上管理系統上上報辭職資訊，那麼資訊系統仍然不支援新員工入職手續的辦理。如果透過員工線上資訊管理系統上報員工離職資訊，門市就可以直接辦理 2 名新員工入職程序，人力資源部門也可以透過此資訊系統通知離職者及時到指定部門辦理離職交接手續，並結算離職工資。

為了保障店面正常營運，一般不是在員工已離職才進行新員工徵才工作，而是門市透過員工線上管理系統上報員工辭職資訊後，人力資源部門即著手安排新員工至店實習，不然有可能會出現新員工交接不清、不能勝任、業務不熟練等情況延誤門市營運的狀況，為此一般檔案系統中的每個店面除了透過員工線上管理系統搜索門市編制外，額外給予一定數量的實習期間考勤號碼。連鎖經營企業僅徵才基層員工，設置新員工考勤號碼有效使用期天數，如果設置天數的次日實習期員工沒有轉成正式員工，此實習期間考勤號碼將不再具備考勤功能。

> **指定門市存在實習期員工階段考勤號碼數**
> **＝每月編制基數＋實習期考勤號碼數**

實習期考勤號碼自指定天數的次日起即轉為正式考勤號碼，如果門市總考勤號碼數超出該店編制確定編制數，門市管理人員將在人工成本控制項目上被考核。

第二章
新入職員工素養管控

　　部分連鎖經營門市（有自主徵才權的）為了解決短期的人員缺工問題，經常不顧企業品牌形象要求，根本不考慮企業用人標準，甚至到了「只要是人就用」的地步。如果企業不能正視此嚴重問題，最終可能會對企業的品牌聲譽、企業經營狀況等造成嚴重影響。

徵才模式 ▋

　　不同的組織可能會設置不同的徵才模式，但總的來說無非就是總部集中面試、門市自主面試、總部集中面試和門市自主面試相結合等模式。

　　總部集中面試比較適合規模不是很大的連鎖經營企業或單個連鎖店面較小、不具備連鎖門市徵才職能的連鎖經營性企業。由於徵才職能集中於總部，只要解決了門市編制與門市需求，明確連鎖需求職位具備素養要求，面試無非就是總部人力資源部門嚴格按照職位要求進行人才篩選的過程。但是由於連鎖門市分散經營的性質，總部集中面試有利於對新入職員工素養的管控，但經常會因資訊不對等導致人力資源管理工作與門市營運工作間出現矛盾，特別是在單個店面較大的連鎖經營企業（如家樂福）中，類似的矛盾更加尖銳與突出。

　　門市自主徵才模式就是連鎖門市所有待徵才職位全部由門市自主進行的一種人才引進模式。對於此模式固然高度契合門市實際，但由於不同的連鎖門市在相同職位的認知、素養要求等標準不盡相同，造成不同連鎖門市人才引進素養差距較大，導致不同的連鎖門市有不同的管理風格局面，最終喪失連鎖經營企業的優勢，而淪落到「各自為政」的局面。單個連鎖門市資源畢竟是有限的，對於門市中比較難以透過市場供給解決的職位，往往單靠門市自己的力量是很難滿足門市人才需求的，同時各連鎖門市在徵才工作上自成體系，非常不利於人力資源規劃的實施及企業人工成本管控等相關人力資源管理工作的展開。

　　總部集中面試和門市自主面試相結合的模式是當前連鎖經營企業比較實用的一種徵才模式，此模式既發揮了門市自主徵才與總部集中面試的優勢，又適度地規避了以上兩種徵才模式的相應弊端。此種模式中總部人力資源部門與門市人力資源部門或具備人力資源管理職能的相應部門或職位之間不是行政隸屬關係，而是一種技術指導與被指導並互相配合的關係。

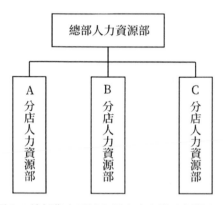

圖 2-1 總部集中面試和門市自主徵才相結合

　　總部人力資源部主要承擔各連鎖門市職位編制控管、品牌形象建立、公關行銷、人才引進的管道、企業建立職位的用人標準及連鎖門市人員引進素養管控工具開發以及連鎖門市人才引進督察等管控職能。

　　門市按照總部人力資源部設定的職位標準依據權限分工組織人才的面試、引進以及人才推薦工作。

　　連鎖經營企業為了保障連鎖經營體系的延續性與穩定性，一般中層以下（含中層）的管理幹部以企業自我培養為主。

　　總部集中面試和連鎖門市自主徵才相結合的模式一般主要展現在徵才權限的分配方面，即門市基層員工由門市自主徵才，中高層管理人員和核心技術人員（含市場策劃人才）由總部人力資源部門集中徵才，但門市可進行候選人才的推薦。

塑造雇主形象

當今企業的競爭就是人才的競爭，人才結構的合理性、人才鏈的有效性決定了企業的最終競爭力。作為連鎖經營企業，隨著加入 WTO（世界貿易組織）及世界經濟一體化的形成，人才競爭也變得越來越白熱化，特別是跨國企業的進入，使人才競爭更加激烈，企業如何在人才的爭奪中擁有一席之地？

「得人才者得天下」，從古至今，無數經典案例演繹著這個思想，國度的新衰、歷史的更迭，無不閃爍著人才的身影。今天的企業難道不是一樣嗎？你的企業有吸引人才、保留人才、維護人才價值的環境、平臺與機制嗎？你的企業有尊重人才、愛惜人才、成就人才的胸懷與格局嗎？

在《戰國策・燕策・燕昭王求士》一文中，有個用五百金買千里馬骨頭的故事。

古代有位君王，想用千金重價購求千里馬。但多年沒有得到。他的親近小臣主動要求為國君購求，國君就派他去了。那個小臣好幾個月才尋找到一匹千里馬，但千里馬已經死了，他就以五百金的高價買了馬的屍骨，回來後向國君交差。國君非常憤怒，說：「我要的是活千里馬，幹嘛弄匹死馬來？並且損失了五百金巨款！」小臣回答說：「死千里馬還得花五百金去買，何況活的呢？天下人一定認為您能出高價來買千里馬，千里馬很快就得到了！」因此，沒過一年，國君便買到了三匹千里馬。

　　從此故事中可以看出，雇主形象的塑造在人才爭奪中的意義，在當前白熱化的人才戰爭中，有哪位人才願意到一家沒有前景、得不到尊重、沒有未來的企業中發展呢？連鎖經營企業如何做好雇主品牌建立、打贏人才爭奪這場戰爭呢？

　　企業經營狀況、企業品牌建立、企業固定資產投資等企業硬實力本身就對人才的引進具有一定的積極作用，但這部分內容一般不屬於人力資源管理部門管轄的範圍，本書不再予以論述。

　　雇主形象塑造對於人才的影響是顯著的，為了打造好雇主形象，企業必須內外兼修才能有所作為。內修員工職業規劃、人才梯隊養成、工作環境營造、員工升遷與升遷系統打造、薪資福利體系完善、人力資源管理系統建立、人事政策制度建立、企業資深員工規劃、企業離職員工開發等以提升在職與離職員工的滿意度。

人力資源部公關行銷

　　任何工作的開展都需要內外協作、內部配合。人力資源管理工作的有效開展，如果沒有其他部門及企業上下的鼎力支援，全都是「鏡中人、水中花」，難逃「一場空」的局面。一旦人力資源部門被別的部門孤立，就不可能有任何作為。企業人力資源部門如何有效整合企業內外部資源為己所用，決定著人力資源部門的得失、成敗。

1. 企業內部公關行銷

(1) 部門文化建立

　　所謂「修身、齊家、治國、平天下」，任何事物的變化都是從自身蛻變開始的，人力資源部門必須提升自我，準確定位部門在企業的角色，不斷透過自己的身體力行影響、改造周圍環境，不斷提升部門業績水準。

　　思想決定行為，企業的人力資源管理部門也是一樣，部門的價值定位決定其行為的外在表現。行為表現得越恰當，周圍環境就會越積極和融洽；行為表現得越合理，周圍環境就會越包容與支援。透過部門思想、行為的改造與變化，最終實現與其他部門間的無障礙交流與溝通，以發揮人力資源部門存在的價值。

　　圖 2-2 是某烘焙企業人力資源管理中心的文化布告欄，它不是虛假口號，而是整個中心人員秉承的原則與方向。沒有思想和方向的組織很

難長久。此企業不只是要求中心員工深入理解它，更要嚴格按照中心文化要求自己的言行舉止、行為規範。比如見到其他部門的主管一定要有禮貌，要尊稱長官；企業任何部門及人員提出工作要求及協助要求時，部門人員都要第一時間匯報工作進度並積極、熱情地對待困難和難題；但凡企業內部任何部門與人員向人力資源部門提出諮商與服務要求都「落地有聲」、有始有終；不斷地督促本中心員工積極學習專業知識與業務技能，改進自己的工作效果與效率。長此以往，部門文化內化為部門內所有成員的行為習慣，自然而然地拉近了人力資源部門和其他部門之間的距離，提升了人力資源部門的公共形象。

```
人力資源中心文化布告欄

溝通方式：謙虛、謙卑、謙遜、低調、主動
行為方式：杜絕抱怨
工作方式：服務對象是我們部門唯一長官
成長方式：自我提升永遠是我們不變的主題
```

圖 2-2 人力資源中心文化布告欄

任何企業的人力資源部門都應首先設定好自己部門的角色與定位，要不斷調整與改進自己的工作行為與方式，不斷透過自己內在的變化贏得與服務部門之間互相支援與合作的機會，孜孜不倦、精益求精、關注細節，突破部門之間的溝通障礙，贏得企業上下的一致支援。

(2) 標準服務作業

徵才作業 ── 面試人員統一服裝、統一形象、統一說詞。

員工面試作業 ── 面試流程簡單、高效，面試說詞標準、語言禮貌。

員工入職手續辦理作業 ── 辦理入職程序以職務對等服務為原則，

即普通員工入職由人力資源部門的一般專員為其辦理入職服務；主管級員工入職由人力資源部門主管為其辦理入職服務，以此類推。

員工培訓作業 —— 課題培訓課程軟體應本著「取之服務部門、用之服務部門」的開發原則進行課程軟體開發。

培訓師形象標準，提前 15 分鐘進培訓教室進行培訓前準備，培訓中培訓人員不做與培訓無關的事情，培訓期間培訓人員熟練解答受訓對象的疑難問題，培訓後培訓人員妥善整理培訓器械、器材，清潔衛生，物資歸位，鎖好門窗。

員工報到作業 —— 新員工所需要的辦公用品人力資源部門按照級別標準整套發放，辦公設備按照級別標準提前配置到位。

員工部門報到介紹作業 —— 人力資源部門提前將新員工資訊告知報到部門負責人員，並與負責人提前溝通新員工報到介紹中的注意環節，待新員工報到時，由人力資源部門專人陪同新員工至報到部門並協助部門負責人介紹新職位工作內容、部門其他工作職位員工工作內容、部門同事、工作中應注意的關鍵環節。部門負責人帶領全體部門員工對新員工的加入表示歡迎。

員工入職追蹤作業 —— 新員工辦理入職後至轉正前，按照追蹤頻率遞減原則（一般第一週不少於 4 次、第二週不少於 3 次、第三週不少於 2 次、第四週不少於 1 次），職位對等地進行關係維護，直至新員工轉正為止。

員工服務作業 —— 快速、高效、精準、主動上門服務。

員工工作接待作業 —— 熱情、周到、不推卸責任，即使不是自己的工作也應耐心接待並妥善安排。

員工疑義解答作業 —— 熱情、耐心。避免疑義解答問題互相推諉、

互相賴皮、互推皮球。

員工離職辦理作業 —— 能讓其一次辦理完成，絕不讓員工多跑一次。

以上標準作業不僅是連鎖經營企業總部人力資源部門工作人員應嚴格遵守並需接受檢查與考核的部分，各連鎖經營門市也應遵守此標準進行作業。

人力資源部門中不管是部門負責人，還是部門職員，其工作表現不僅代表自己的工作態度與風格，更是人力資源管理工作的縮影，唯有不斷摸索、改進人力資源管理工作的服務標準，不斷提升部門員工遵守與執行作業標準的技能與要求，企業的各部門對人力資源部門的服務滿意度才會慢慢提升，才會提升人力資源部門在企業中的部門形象。

(3) 業務技能提升

企業中任何部門或員工能自立於企業，是因為部門或員工還有存在於企業的價值，即能夠解決問題，為企業創造效益。自古以來，價值創造決定話語權，即使人力資源部門在標準化作業、服務上已做到無懈可擊，如果無法實際解決企業或部門遇到的問題，無法為其他部門提供支援與幫助，那麼人力資源部門公關形象最多是「此部門的人還可以，但解決問題方面的能力有待提升」。

解決問題是要有條件的，如何提升自我、如何強大自身、如何爭取資源、如何贏得別人支援等，都限制著整個部門在企業中解決問題的發揮水準。能力的提升不只是部門或個人的選擇問題，還是打開工作局面的一種有效方式。作為總部人力資源部門，有義務、有責任不斷提升部門及門市中人力資源部門員工的從業素養及技能水準，以透過不斷地解

決問題提升部門在企業中的影響力，雖然不同的企業、部門及負責人員能力提升的具體方式與方法可能不盡相同，但能夠達到目的即是部門所需要的。

　　某烘培企業人力資源部在工作日內每日中午組織培訓 1 小時，其主要培訓內容為人力資源管理的各專業模組的專業知識、專業技能以及工作中可能遇到問題的最佳處理方法。他們不僅定期組織部門員工與該地區優秀企業的人力資源部門之間進行溝通與交流，拓寬該企業人力資源部門工作人員的工作思路，拓展視野，而且定期組織人力資源部內部專題的研討活動，由每個人力資源工作人員就同一個專業的議題進行研究、討論並將討論結果付諸實施。此外還鼓勵人力資源人員進行優秀企業經典案例研究並將研究結果進行共享，如研究全國連鎖經營企業哪些企業哪些職能做得較好，7-11 的物流配送系統有哪些值得學習的地方，該企業的物流配送的職能和 7-11 有哪些異同，該企業應該在哪些方面進行改進，需要新增哪些職位，關鍵職位應該具備什麼樣的能力結構和技能水準。

(4) 服務流程梳理

　　業務流程決定運作效率及管控效能，不合理的操作流程不僅會延誤工作效率，還有可能造成管理真空的局面。

　　人力資源部門也有很多內部工作流程，既有部門內部的，也有和其他部門交叉的，錯綜複雜、千絲萬縷，雖大部分是合理的，但也不乏很多流於形式的程序存在，人力資源部門有義務、有責任不斷修訂自己的操作流程，秉承簡單、規範、高效的原則，能系統化的盡量系統化，不能系統化的想方設法使其系統化，再借助現代科技的技術方式不斷地提升運轉效率，提高服務價值及服務品質。比如，調整前員工辦理離職程序如下。

按照圖 2-4 的流程員工要往返公司至少兩次，無形中增加了員工時間成本、交通成本的損失，而借助員工線上資訊管理系統，企業流程調整如下。

連鎖經營門市可以透過前面介紹的員工線上資訊管理系統，透過資訊管理平臺上報突然消失、辭職離職、開除等員工異動資訊，人力資源部門透過員工線上資訊管理系統隨時了解具體的員工異動狀況，並根據其他人力資源管理系統如考勤系統、績效管理系統中具體人員的資料核算員工離職工資，電話通知員工到指定的店面或部門履行離職交接工作，交接結束領取實發工資。透過此流程，員工只需要往返公司一次便可以辦理員工離職手續，大大提升了員工離職交接工作的工作效率，同時也間接為員工創造了價值。

人力資源部門作為企業中的關鍵部門之一，為了有效展開人力資源管理工作，會與其他部門之間涉及錯綜複雜的業務流程問題，同樣，為了保障人力資源管理工作的運轉效率，也會涉及部門內部各個職位之間工作橫向交錯的業務流程問題。如何簡化程序，如何提升效率，如何提升管控效果，是人力資源部門不斷研究、不斷提升的目標。

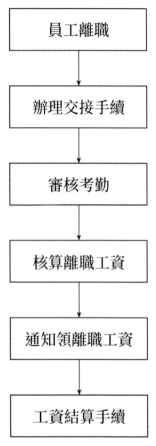

圖 2-4 調整前員工辦理離職程序

流程規劃本著簡單、高效、創新，兼顧管控效率與效果的原則進行，具體的流程涉及人力資源各職能工作，後面章節中會對相應業務流程進行解讀，為了保障流程的持續性，企業應透過人力資源管理軟體進行流程固化，實現管控計畫。

(5) 部門氛圍營造

團隊的氛圍對團隊戰鬥力的提升是不言而喻的。兵不在多，在於精，團隊不在於大，在於氛圍。如何激發團隊成員的工作積極性，如何提升團隊的效能，是每個管理人員都應該首先考慮的問題。特別是身為人力資源部門的管理人員，如果自己部門的士氣都無法得到提升，自己的部門管理得一塌糊塗，那麼企業主管、其他部門怎麼會有信心接受人力資源部門的建議並按照建議有計劃地進行調整呢？

部門氛圍營造也不是願不願意的事情，而是必須要進行並且是要做到位的關鍵環節，所謂「兵者取之勢，勿求於人」！人力資源部門工作氛圍的營造能否在企業中建立「正能量」，對其他部門及企業的影響最為關鍵。

員工在寬鬆、愉悅的工作環境中工作，工作產出一般會比較高，同時員工也不會感覺到

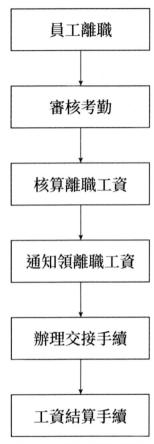

圖 2-5 企業調整後的流程

工作的壓抑。企業應強調員工本色釋放，如上班時間可以互相開開玩笑，可以互相交流與工作或生活相關的話題。

部門氛圍營造是部門負責人非常重要的管理工作之一，同時也是反映管理人員管理水準的重要環節。試想，有哪位員工願意在一個只有指責、沒有鼓勵的工作環境中工作？誰又願意在彼此冷漠，只有互相傾軋的工作環境中生存？誰又能在總被主管漠視的環境下主動開發自己的工作潛能，提升自己及部門工作績效呢？氛圍營造在當今 1980 年、1990 年後出生的員工逐步成為工作主體的職場中影響性越來越大，身為管理人員應加以重視。雖個人因工作習慣的差異會就工作氛圍營造的方法上有較大的差距，但只要能夠提升員工工作積極性，能夠激發員工工作熱情，能夠減少員工的工作顧慮，能夠創造和諧的工作關係即可。

某企業人力資源主管習慣於每天晚上睡覺前回憶每一位直接下屬一天的工作表現及員工的臉部表情，如果下屬臉部表情與往常一致，該員工不需要非常關注；如果不一致，不管是喜悅還是惆悵，無非就是由工作或生活兩個方面的問題造成的。如果員工臉部表情明顯地比往常喜悅，該主管就會有意識地尋找他高興的原因。如果是來自工作，該主管一般會立即給其發送一個溫馨的訊息，如「小劉，今天績效會議你整合得非常棒，非常感謝你」，以表示祝福與感謝；如果不是來自工作，那一般就是來自生活，同樣該主管也會用一些祝福語言。有喜就會有憂，當員工臉部表情出現憂鬱之色的時候，該主管是非常關注的。如果是工作上的失誤，員工做錯本來就有自責心理，該主管一般不主張對出錯的員工立即給予指責、教育，而往往更加溫暖的語言予以安慰，如「小劉，今天這個錯誤也不能完全怪你，主要還是我在安排工作的時候有些失誤，還希望你能夠原諒，下一次我們共同努力，爭取此類錯誤不再發

生」。員工聽到主管或看到主管類似的語言或留言一般都會主動地找準時機和該主管就失誤問題進行溝通與道歉，該主管一般會與其剖析利害得失、總結經驗教訓，這樣員工不但會更加盡心地工作，同時還會對主管報以感激之情。如果員工的憂鬱不是來自工作，那一般就來自生活，該主管採取深入了解情況並及時伸出援助之手的方式予以援助。例如其部門有一位年輕女員工因老公的外遇鬧離婚，當時該主管就安排人力資源部門一位女經理下班後一直陪著她、開導她直至其走出陰影。這樣無私的關心與關懷使整個部門人情氛圍非常濃厚，同樣該主管要求下一級的管理人員也按照此種工作方式推進人文理念，所以整個人力資源系統從上到下充滿著對公司的熱愛、對同事的關心之情。

該主管一直教育本部門的所有管理人員要鼓勵員工積極地探索，其部門有這樣一個傳統，各級管理人員的口頭禪是「你們只管去做，做錯了算我的」。透過這種幹部表率、以身作則的言傳身教，整個部門員工工作很少有顧慮，每個人的工作熱情基本被激發出來。

該主管還一直對下屬灌輸不要在背地裡批評別人的工作的理念，有困難一起上，有問題一塊來。同事之間只有感激，沒有指責。大家是一同作戰的夥伴，而不是彼此對抗的敵人。同時還灌輸一個理念——不要計較一城一池的得失，心無旁騖、孜孜不倦地研究和琢磨自己負責領域的工作和項目。

透過一系列類似的灌輸及宣導，該企業人力資源部門員工關係極為融洽，團隊成員之間向心力、凝聚力大大增強。

(6) 激發業績提升

企業逐利的目的之一是要實現其生存，這就不得不要求其組成部門無不崇尚業績導向，當然人力資源部門也不例外。如何兼顧內部氛圍和

諧，激發員工的業績意識並最終實現部門的業績提升，這是人力資源部門負責人員應時刻考慮的問題。

某人力資源部門負責人在部門辦公室裡懸掛了一張未來版的部門組織架構圖，告訴所有員工，組織架構圖上的所有主管、經理等管理職位全部由部門員工內部培養產生，人人有機會、人人有可能。該負責人還制定了配合內部升遷的激勵措施 —— 根據不同員工的特點為其安排不同難度的小項目讓其演練、操盤。項目負責人員可以根據自己項目的進度支配內部資源或協調外部資源，項目參與人須予以支援，因可能會出現某位員工既是甲項目的參與人，同時又是乙項目的項目負責人的現象，如果其身為項目參與人時不配合別人的工作，那麼自己身為項目負責人時，別人也會以其人之道還治其人之身。透過此類活動該負責人不但發現了部門內部各成員之間是如何安排工作進度、如何爭取資源、如何得到別人支援的能力，而且也對團隊成員合作能力進行了有效的評估與管理，大大地提升了人才管理的效果與目的，並為內部人才的科學甄選奠定了堅實的基礎。

凡是被選擇為主管或經理的後備人選，該負責人一般先讓其承擔主管或經理的職能，在工作中繼續觀察、繼續磨練同時給予輔導直至其成為合格的管理人員。對於不適合做管理的內部員工該負責人一般會引導其向專業角度發展。如某職員在徵才方面非常有心得，特別擅長利用Line、IG、FB 等通訊工具與人才交流與聯繫，同時對缺編職位解讀較深，敏感性強，就引導其向獵頭方向發展並經常給其機會跟獵頭產業專業人才學習與交流。透過此類方式培養了一批優秀的獵手，不但解決了企業高階人才的引進問題，也大大提升了個人專業及收益。

畢竟人力資源部門管理職位總是有限，對於一些本身很優秀又不願意在專業技術方面發展但提升受限的成員，該負責人會尋找合適機會為

其在企業內部進行分流與提升，比如讓他們到其他部門做經理或主管助理。他們在做助理期間既學習其他業務模組的專業知識與技能，又具備人力資源資源管理方面的實際操作經驗，很快地成為了企業中層管理人員的後備人選。

職員工資的提升也與業績相關，沒有業績絕不加薪。該負責人在自己分管的人力資源部門設置「潛規則」，薪資核算人員薪資調整就由每月被核算薪資人員數量、核算準確率、被投訴次數等業績數據決定；主管分為 1 至 3 級，由內部提升到主管的員工可以申請本部門主管輪調，凡在新主管職位上工作業績高於原主管業績水準者即可以晉升上一級主管，在 3 個主管職位上工作且業績表現優異者即成為儲備經理人選，同時伴隨主管級別的提升，薪資自然上漲。

該主管透過上面的方式一方面解決了員工的「出口」問題，另一方面又兼顧了其個人收益提升。

利用案例中該主管的做法，結合前面介紹的部門文化建立、標準服務作業、業務技能提升、服務流程梳理、部門氛圍營造組合操作，人力資源部門在企業內部公關中的工作就會進行得很順利。

每個企業的環境不同，決定了人力資源部門關係行銷的操作方式不一，如果你和你的部門還沒有意識到內部公關行銷的重要性，那麼想在人力資源管理工作上有很大突破是很難的。因為人力資源管理的很多工作都是透過主管或其他部門同事支援並貫徹實施的，無法有效贏得主管或其他部門的信任，最終將喪失有效開展工作的機會。

檢驗人力資源部門是否做到企業內部的公關行銷的標準之一是，別的部門員工在選擇調職的時候，人力資源部門是否是首選，如果是，恭喜，你的關係行銷已經做到位；如果不是，那你們部門還要繼續努力。

② 企業外部公關行銷

企業穩健發展、品牌影響力逐步提升、企業產品結構不斷優化等，這些顧客能感受到的企業變化本身對於連鎖經營企業的外部公關就具有較大的影響力，加之企業行銷活動的助推，無形中進一步提升了企業的影響力。

求職者能否關注一個企業，其對企業的信心是一方面，對企業在用人政策、用人口碑、雇主形象等方面的了解又是一方面，所以作為總部人力資源部需要在企業影響力的基礎上不斷組織活動、設計並維護企業形象以及透過合理的管道將其正能量不斷地向社會傳遞，使其增強潛在員工與企業之間的情感交流，最終最大化地鎖定企業未來人才。

對於企業用人政策、雇主品牌等內容將在後面詳細闡述，本節主要介紹總部人力資源部門在用人形象維護、公共活動的組織、宣傳管道建立等方面的內容。

(1) 用人形象維護

企業用人形象對企業外部公關的影響是不言而喻的，特別是在當今講求實際效益的時代，發自員工內心的口碑宣傳不僅具有影響力，更具「殺傷力」。如何改造員工對企業的認知，如何提升員工的口碑效應，這是各企業人力資源部門不可迴避、也無法迴避的尖銳性問題。

除了雇主形象建立、人事政策的建立對用人口碑有嚴重影響外，以下細節方面對用人形象的影響也非常大。

(1) 人文管理的導入。筆者調查發現連鎖經營門市中導致員工流失的主要因素不是工資，也不是福利，而是連鎖門市的直屬主管。直屬主管沒有同情心、沒有同理心，加上情緒化、管理能力弱等，才是造成員工

流動率居高不下的核心原因。為什麼宗教在對教徒沒有任何金錢投入或投人很少的情況下，教徒還那麼的忠誠膜拜呢？經過了解、研究得出一個結論，那就是這些組織非常在意對人的尊重，對人的尊嚴的維護，他們不是冷漠的群體，而是為若即若離的理想而虔行的夥伴。

某烘焙企業人力資源負責人的經歷如下。

該負責人剛加入現在就職的企業的時候，當時連鎖店面人員每月流動率高達30%，基本上在該公司工作半年以上的員工都屬於企業的資深員工，連鎖經營門市管理人員和人力資源部門互相指責的現象非常嚴重。連鎖門市管理人員總是抱怨人力資源部門不讓其徵才人員或無法滿足門市經營的人才需要；人力資源部門抱怨為其徵才人員到職就走，總是留不住。雖說該企業也實行過很多政策，如凡員工在一個合約期滿並續簽合約者即可以得到上千元的合約到期獎金，技術人員合約到期獎金額度更是可觀，但效果很不明顯。該負責人加入公司的那一刻，門市人員缺編高達300多人，很多店面除了店長等少數管理人員堅守職位外，其他員工缺編嚴重。因流動率高，人員一直處於流動狀態，所以公司一直還存在一個致命的問題 —— 整個公司上自總經理下至人力資源部門員工沒有一個人知道公司實際有多少人。整個人力資源管理工作可謂癱瘓，為此該負責人不得不親自走訪門市，與離職的員工進行溝通、交流，結果發現門市和離職員工一直多次提到一個詞，那就是「業績」。管理人員只看業績忽視一切，新來員工業務不熟、沒有業績，不但沒有得到管理人員的指導，反而是冷眼相待，整個門市氛圍極為低落，有的離職員工反映說：「我都來好多天了，店長都不知道我的名字，動不動就罵，我又不是欠他的，我一刻都不想待在店裡，多待一刻都讓人窒息。」在此境遇下該負責人找到了分管連鎖門市的韓經理。

　　人力資源負責人：「韓經理，我到了很多店發現許多員工好像很有怨言啊。」

　　韓經理：「那是肯定的，壓力那麼大，工資那麼低，加上你們人力資源部門又不讓我們補充人員，沒有怨言才怪呢。」

　　人力資源負責人：「韓經理首先我需要更正一下，某某店最近兩週我們總共配置了11人，結果兩週之內這個店卻走了13個人，你說人力資源部門不配置人員給你們我無法苟同。」

　　韓經理：「怎麼可能！」

　　人力資源負責人：「韓經理，請看一下最近兩週這個店的入離職紀錄，還有我也確實到了這家店並與店長確認了這些資料。」

　　韓經理：「好的。」

　　人力資源負責人：「假如你是新員工，到一個新的組織，你希望別人怎麼對待你啊？」

　　韓經理：「至少不要對我冷漠、不理不睬，有老的員工帶我熟悉環境，了解企業的情況，如果大家對我能夠熱情點就更好了，比如說中午吃飯的時候，有同事會告訴我哪家餐廳飯菜可口，哪家實惠，能陪我去那就最好了。」

　　人力資源負責人：「那我們的新員工呢？」

　　韓經理：「哦，我懂了，馬上就去做！」

　　就這樣該企業從培養管理人員面帶微笑開始，慢慢地企業又對門市管理人員導入了人文管理的理念和專業培訓。同時收集在門市管理過程中出現的問題，人力資源部門和門市管理部門共同研究，比如對習慣性請假的員工，門市管理人員應該什麼樣的說法及方式處理；業績不好時，管理人員在薪資發放後應該用什麼樣的說法、語氣、肢體語言進行鼓勵；

員工遇到情感挫折問題，門市管理人員應該如何應對並調節員工情緒；遇到野蠻的顧客門市管理人員應該以什麼樣的姿態來維護自己的員工並不失禮節地從容應對。同時配合企業其他的相關政策、措施，門市氛圍發生了根本性改變。門市員工再也感覺不到情緒低落了，每天上班都感覺很開心、很充實，同時業績也有了很大的提升。

人們大都愛屋及烏，那麼恨屋也及烏，如果員工感覺管理人員就像家人一樣和自己一塊工作和生活，無形中也增強了對企業的好感。

(2) 價值教育的提升。現在的員工族群年齡越來越小，很多都是 1990 年後出生，又是獨生子女，此部分族群年輕、有活力，但過於個性、無法擔當責任、大多不知道如何與人相處，該企業要求負責培訓的人員走進連鎖店面進行視察、整理，提取造成員工之間不和諧的各種典型案例並開發出針對性解決方案作為店長基礎技能培訓教材予以「賦能」轉化，且透過店長的言傳身教，大大減少了員工之間的摩擦。

某烘焙企業一直倡導對員工進行工作意義、敬業精神、責任意識、道德規範等理念的宣傳與教育，並透過培訓與會議的方式不斷強化員工什麼是對的、什麼是錯的，什麼該做、什麼不該做的價值觀念，從而提升員工敬業負責、服從管理、有效執行的道德情操。

透過人文管理的導入、員工價值觀念的灌輸，增強了員工意識、提升了員工滿意度。

(3) 管理細節的關注。都說員工是企業的第一個顧客，那企業如何服務好自己的員工，如何在細節和個性上突破，理應是企業和人力資源從業人員應當考慮的問題。

一部分企業考慮為員工解決住宿問題，但很多企業在提供這項福利的時候不但沒有提升員工的滿意度，反而給員工造成很多不便。比如宿

舍位置離有的門市很近，離有的門市卻很遠，這樣勢必導致顧此失彼。企業為什麼在選擇宿舍位置的時候沒有考慮宿舍與店面之間的距離問題呢？另外企業為員工提供住宿本身就是為了解決生活問題的，但有的宿舍經常有外人出入，不僅影響生活，而且還有可能給員工造成安全隱患，那企業提供該項福利有什麼意義呢？

現在的員工越來越知性，特別是女性，她們非常關注自己的家庭和孩子，試想如果一位女員工在她的小孩過生日的時候接到「小姐您好，非常感謝您一直以來對公司關心與奉獻，在您家寶寶 3 週歲生日之際，特祝福生日快樂、萬事如意」此類的祝福，她們是不是會感到由衷的幸福呢？那如果在結婚紀念日、員工父母生日、伴侶生日都能接到諸如此類的祝福性語言，你認為你的員工又會作何感想呢？

都說「人走茶涼」，特別是職場上經常演繹這樣或那樣不同版本的類似案例。企業有沒有考慮定期為一定年資或達到一定職位的離職員工發送祝福資訊呢？有沒有考慮過像對待在職員工一樣在其生日、小孩生日、結婚紀念日等個人特別關注的日子給予祝福呢？透過情感交流，離職員工會感到原公司很溫馨，好感由心而生，說不定很多離職人員回鍋會成為企業一個很重要的員工引進管道呢！

細節、個性的結合並有效地付出實施是企業與員工進行情感交流的不變原則與方向。

(4) 創新系統的建立。運行高效的資訊管理系統會簡化很多中間環節，以往企業經常因為一些業務需要往返於門市和公司總部之間，加上公司部分部門官僚意識濃厚，導致很多員工不快；員工大部分時間都浪費在路途中，門市的事情還要自己處理，給門市管理人員帶來許多不便，有時甚至需要加班才能夠解決。企業為什麼不開發資訊管理系統

呢？與公司部門有工作交叉的事情透過資訊管理系統來處理，這樣不僅解決了工作中遇到的問題，而且還大大減少了相關人員的時間浪費。

資訊管理系統不斷升級、不斷簡化員工操作環節、不斷設置資訊系統排異功能以及提升員工操作效率及準確性，最理想的狀態是員工想出錯都不可能，這樣就會大大減少員工上班期間的心理負擔，提升員工工作滿意度。

(2) 公共活動的組織

公共活動組織是企業實力、企業內涵的展示，好的活動組織可以增加企業內部員工的成就感，同時對企業外部群體也具有很強的影響力。人力資源部門如果能夠成功地進行公共活動組織，這對潛在的求職者本身就具有很大的吸引作用。那麼，人力資源部門一般應組織哪些公共活動更能夠增強企業品牌形象呢？

(1) 大型徵才會（含專場徵才會、校園徵才會）。大型徵才會本身就是企業實力的一種具體展示，但我們也見到過很多非常成功的企業在公共場合以此方式不但達到了企業品牌宣傳的目的，同時也免費地利用了公共媒體資源，提升了企業品牌形象。

為了配合大型徵才會的需要，該企業所有的求職徵才網站、徵才管道上都配合虛設了徵才職位，保障企業對外徵才資訊的統一性。

大型徵才會、專場徵才會、校園徵才會操作大致上一致，但一定要獨特、個性、大氣，它作為企業實力展示來說是一種非常直觀、有效的方法。

(2) 產業交流會（含高峰論壇）。產業交流會和高峰論壇是展示企業內涵的最佳機會之一，企業高層管理者應積極主動地參加類似的活動。一般此類活動的主辦方會要求媒體或雜誌進行追蹤報導，所以這是企業

爭取「出鏡」的絕佳機會。但此類活動對參加活動的企業高階主管也是一種挑戰，如果高階主管沒有任何亮點最多就是在報導中出現參加本次活動的有 XX 集團 X 總之類的字樣，不具有任何宣傳價值。所以參加此類活動的時候，最好和擬參加的高階管理人員探討本次論壇的議題並提出一些全新的理念、操作方法或有爭議的甚至挑戰傳統的觀點，這樣才會引起媒體的關注。

某企業人力資源高階管理人員參加一次關於績效管理的高峰論壇，當時此高階管理人員提出了挑戰傳統的績效操作盲點 —— 績效指標必須設置權重、績效指標值提前設定是績效考評中的兩大盲點。當時參加此次高峰論壇的有企業界的朋友、著名大學的學者與教授，因此觀點對傳統績效管理的認識算是顛覆性的挑戰，所以引起了當場朋友們的激烈爭論，甚至還有一位老教授臭罵該高階管理人員不懂績效管理、不懂績效考評。為此該高階管理人員不得不說明理由，對於第一個盲點該高階管理人員的理由是連鎖門市店長和管理 7 至 8 家門市的區域經理，因工作性質基本上一致，只是管理的範圍不同，參照的考核指標基本上一致，但因店長和區域經理在管理重點上的差異，所以在考核指標權重的設置上就有很大的不同，但出現了理論上從來沒有關注到的問題 —— 幾個店長按照考核指標考核都很好卻出現了管理他們的區域經理考核結果很差的情況，經過研究發現原來是權重鬧出來的問題。該高階管理人員說：「要想真正反映該員工綜合能力，本人不建議考核指標設置權重，這樣更能夠直接反映員工工作中的問題。」

對第二個盲點高階管理人員的理由是，考核指標值提前設置根本不可能設置準確。設置考核指標值的原則就是不要太高，太高員工就失去了挑戰的信心，也不能設置得太低，設置太低員工就沒有了工作的熱情

與鬥志。該高階管理人員當時在高峰論壇上提出一個全新的績效指標設置觀點，企業不提前設置指標值，但按照一個考核週期的期末數與期初數核算差額並按照差額數值排序，排序位置決定考核得分，這樣不但解決了考核指標值設置不準的問題，同時又調動了基層管理人員調整工作行為的積極性，改善了工作績效結果。

因該高階管理人員的觀點不但挑戰傳統而且還行之有效，所以在論壇中引起了強烈的迴響，媒體整篇轉載了該高階管理人員在論壇上的論述，因該高階管理人員是代表 XX 集團公司去的，無形為企業增加了影響力。

(3)MBA（工商管理碩士）學術交流會。各大學 MBA、EMBA（高階管理人員工商管理碩士）班為了教學需要經常組織學員走進優秀企業觀摩、視察，他們一般抱著問題到企業走訪，有時將 MBA、EMBA 的活動課堂遷移到企業進行講授，甚至會把企業中實際操作方式作為專門課題進行研究。名校的 MBA 或 EMBA 走進企業的時候，學校一般會透過自己學校的專業期刊、學校官方論壇、官方網站、官方粉絲頁等自媒體進行宣傳與報導，這對企業來說本身也不是壞事情，更何況參加的 MBA 或 EMBA 班的學生，有的是企業主，有的是企業的中高層管理人員，企業可以透過此種活動更多地接觸優秀人才，口碑相傳傳播企業實力和內涵。

(4) 產學合作。因教育模式和社會需求之間的脫節，很多企業根本招攬不到符合職位知識結構、技能結構的優秀畢業生，優秀企業在選擇人才時選擇前置管理的模式，即在學生剛踏入學校，企業就和學校合作進行人才培養，優秀的畢業生可以直接進入企業成為企業員工。開始只是部分企業與部分學校之間小範圍合作，但隨著教育體制改革，「產學合作」的模式在教育領域中越來越普遍，有的學校為了完成教育部門的考核要求，解決畢業生的就業問題，甚至主動找企業要求與其進行合作。

企業應規劃好合作單位以及合作項目，同時可以透過新聞發布會的形式將其資訊傳播出去，無形中也是對企業形象的一種包裝和宣傳。

與大學的合作目的主要有兩個：提升企業形象；解決職位需求。對形象提升企業應主動開發院校資源，企業的核心目的可能不是滿足職位需求，但可以與其合作進行研究院或研究室的建立。在職位實際需求方面，要做好學校考察、專業設置、畢業生評價等綜合評估後確定合作院校，並在人才培養模式、現場實習模式、見習模式、產學合作開發課程等合作模式中選出最適合的合作模式，最終滿足企業職位需求的目的。

企業在合作過程中一般會要求學校將合作企業介紹到招生簡章中，無形中又提升了企業的社會認知度。

(3) 宣傳管道建立

「真金不怕火煉」，在這樣一個資訊爆炸的社會，良莠不齊的資訊充斥著人們的工作、生活，加之資訊受眾受專業限制的影響，很少具備對資訊的辨識能力，如果企業不做好宣傳管道的建立，不對企業資訊進行有效管理，很有可能會出現「劣幣驅逐良幣」的局面。所以資訊管理應被企業提升到決策層面進行系統性、策略性管理，同時還要有專門的運作團隊營運企業官方資訊。

人力資源相關資訊作為企業資訊管理中的重要組成部分，有它的特殊性，為了應對當前的資訊戰爭，企業首先應解決好資訊管道的建立和維護問題。

資訊管道主要分為自媒體和傳統媒體兩個部分。隨著時代的發展，越來越多的企業開始重視自媒體建立，如企業的官方粉絲頁、企業官網、企業報刊、論壇、求職徵才網站等，以應對企業資訊營運的需求。

　　某烘焙企業在人力資源部門專門設置一個資訊管理職位，該職位人員的主要工作職責是負責人力資源中心的官方粉絲頁等自媒體的建立和管理工作，收集企業正能量資訊，透過圖形及文字的形式不斷傳播，在自媒體上與員工、求職者、社會大眾等互動並回答異議問題。同時保持與電視臺、報紙、地方新聞性網站、論壇等的密切聯繫。

　　企業應有專人對宣傳管道進行管理與維護，應不斷地嘗試使用最新的交流工具進行交流與傳播，保持各媒體管道資訊的一致性、呼應性，透過官方管道有計劃地進行企業內部正面資訊的傳播，彰顯企業的內涵與實力。

　　求職徵才網站一直是企業忽視的宣傳媒體，一般的求職徵才網站都具有資訊連結功能，企業可以將自己的官方網站與專業的求職徵才網站資訊連結。

　　求職徵才網站的選擇是非常關鍵的，一般瀏覽求職徵才網站的人員基本都有一定的求職意向，瀏覽人的水準及瀏覽頻率會決定求職徵才網站的價值與效果。求職徵才網站作為一種比較特殊的資訊管道 —— 連結企業其他資訊管道與潛在求職人員的橋梁，網站受眾專業深度越強、視野越開闊價值越大。建議企業選擇人才比較集中的城市中當地主流求職徵才網站為合作對象，透過此類徵才平臺，企業資訊透過直接或連結的模式傳播，同時也可賦予感染性的語言，如「XX 集團是出色的本土企業，XX 集團期待與您一起締造屬於臺灣的世界名牌」，以引起人才的共鳴，提升企業行銷效果。

　　隨著二維條碼技術的成熟及應用，很多傳統資訊傳播管道也承載著新管道的建立功能，企業可以在宣傳頁上透過二維條碼的使用，使接觸到宣傳頁的人才連結企業人力資源官方網站了解企業最新資訊，以增強企業的影響力。

人才引進的管道

　　有效的徵才管道是展開徵才工作的前提。現在很多公司徵才保安人員比較困難，其實是在徵才管道的選擇上出現了問題。為了確保企業徵才工作的及時性、有效性，企業應做好徵才管道的梳理工作。但不管是什麼管道都有一個最為基本的開發原則 ——「接近所需人才的管道是最有效的管道」，此類管道需要企業花精力開發、建立與維護。

　　徵才管道分傳統管道、新型管道、企業特有管道三大類。傳統管道主要為大型徵才會、專場徵才會、校園徵才會、人才市場、報紙徵才、網路徵才等。由於求職者求職習慣的改變，傳統管道的徵才效果越來越差，有的管道基本已經退出徵才的歷史舞臺，那企業是不是要全部捨棄傳統的徵才管道呢？不是。企業應對傳統管道進行「變異」，賦予它新的生命力，比如大型徵才會、專場徵才會、校園徵才會等，不再是實質性解決人才短缺的主要窗口，而應演變成展示企業實力的傳播管道。網絡徵才是比較有效的徵才管道之一。

　　新型管道是各企業都應重視的一種徵才管道，應該由專人建立與維護，雖然網路徵才管道在當前還算是比較有效的徵才管道，但此種管道也有其侷限性，很多專業性人才基本上不在求職徵才網站上註冊簡歷，因此，對於產業性較強的專業性人才的引進基本沒有效果。要解決這問題，企業應建立自己的獵頭隊伍進行新型管道探索並精耕細作，最好能夠將其運作成企業的特有管道。

1. 官方粉絲頁管道

官網或粉絲專頁不僅是企業的宣傳媒介，同樣也是徵才工作中一種行之有效的管道。企業內部的獵頭隊伍一般對產業基本情況非常熟悉，如連鎖經營企業配送體系比較完善的有 7-11、家樂福等。如果企業想挖取物流方面的專業人才，企業的獵頭人才可以透過關注 7-11 或家樂福的官方網站、粉絲頁，在企業的粉絲中尋找待挖掘對象並與之建立互粉關係，透過網站、粉絲頁或其他的資訊交流工具保持聯繫，不僅可以實現針對性挖掘人才的目的，同時也為企業人才庫的建立奠定了基礎。

企業利用粉絲頁可實現與關鍵人才的互動，並可鎖定大量企業所在產業專業性的人才，企業「粉絲」又可以透過粉絲頁連結關注企業，企業粉絲頁很有可能演變成為產業內人才資訊交流的平臺。企業的粉絲頁就自然演變成為關鍵的策略性人才引進管道，同時也是同行的其他企業無法直接複製的特有徵才管道，此新管道對企業未來人才遴選、人才儲備、人才更替及人才結構調整等人才經營活動發揮至關重要的作用，但需要企業專業人才的精心探索與維護，需要企業堅持不懈地投入才能最終發揮管道價值。

2. 籌建獵頭公司

現在員工之間競爭越來越大，非人力資源管理從業人才對人力資源市場狀況知之甚少。在這樣一個變幻莫測、充滿競爭的工作環境中，職場人士對未來是有一定的憂患意識的，特別是在民營企業、股份有限公司和外資企業中的員工，為了給自己留個「職業備胎」，他們很希望能夠與從事獵頭產業的人才接觸。

一般來說，潛在求職者對獵頭公司中的獵頭人才有一定的信任度，

企業為了人才引進需要，可自建獵頭公司，企業中從事高級人才引進的從業人員一律隸屬於此企業名下，但不對外營運，專門為自己的企業服務。獵頭公司可以與國內專業獵頭類網站（綜合類求職徵才網站一般有人才推薦或獵頭服務職能）進行合作以便資源交換。

3. 專業論壇

專業論壇要求企業內部獵頭人員有獵取人才所具備的專業知識。企業的內部獵頭進入徵才職位的專業論壇並在論壇內發起某些專業課題的探討，讓專業人才在論壇內發文。獵頭人員根據發文人撰寫的內容進行專業能力的辨識與判斷，同時鎖定對象並與之建立長期聯繫，最終實現企業人才引進的目的。

4. 產業類網站

各個產業一般都有屬於自己產業的專業網站，其網站的主要效能是將產業內相關的資訊在網頁上公布，同時附帶進行產業內的人才徵才。企業內部獵頭可以每天定時進行產業內專業網站的瀏覽，關注產業動態及相關資訊並針對性鎖定某些企業及人才，透過專業網站交流平臺與鎖定對象之間進行交流和溝通，以實現專業人才引進的目的。

5. 產業協會

不同產業一般都會有規範本產業的產業協會組織，這些組織主要進行產業資訊的整理、整合產業學習、進行產業內專業議題的討論、組織產業內人才技能評定，代表產業與政府組織或其他社會組織進行聯誼工作。產業學習、產業組織技能評定是企業接觸專業人才的絕佳機會。

6. 專業學校

產業內專業學校也是引進產業專業人才的有效管道之一。一般專業類學校會請產業內專業人才作為學校名譽教師或專家，其中不乏一部分從學校畢業的優秀學生，所以企業可以透過產業內的專業學校間接地與人才建立聯繫並透過持續的追蹤實現人才引進的目的。

但是新的管道都要求內部獵頭人員要有產業內的專業知識，有志從事產業內部獵頭工作並對現代溝通工具的功能有很深的研究並熟練應用的人，才方便和習慣與採用不同交流工具的人才進行交流和聯繫，最終在新管道上有所收獲。他們要熱情、要細膩、要有不厭其煩與不怕拒絕的堅強意志和耐力，同時要不斷學習與總結，這不是每個人都能夠勝任的，所以內部獵頭的人選決定此類管道建立的成敗，企業要選擇成就欲極強並性格有所偏執的年輕人來做這方面的工作，同時還應強化此類人才擬聘職位專業知識，提升專業人才尋覓與獵取能力。

7. 企業特有徵才管道

如果企業能夠將自己企業的管道經營好，那傳統管道、新管道都將會被其取代或僅作為其補充。

所謂企業特有徵才管道即為企業獨有的、別的企業很難模仿與複製、具有鮮明的企業特色的一種有效徵才管道。此類管道的最大特點不是以人力資源部門有形的徵才行為來決定徵才效果，而是靠企業內全體員工情感依託來提升企業徵才效能，更多屬於精神層面的東西，所以很難操作，也很難實現，屬於企業的策略性人才管道一旦建成，企業將一勞永逸。

　　此類管道主要有以下幾種徵才方式：一是連鎖經營企業特有的門市徵才模式；二是以離職員工作為徵才對象的徵才模式；三是以學生會成員作為徵才對象的徵才模式。

(1) 連鎖經營企業特有的門市徵才模式

　　連鎖經營門市徵才模式是連鎖經營企業基層員工引進最為有效的徵才模式之一。凡是連鎖經營企業其門市數就不會只有一家，連鎖門市數量越多，這種徵才模式就越有效。如某烘焙企業有 200 多家門市，也就意味著有了 200 多家徵才窗口。但此種徵才模式受連鎖經營門市管理人員態度影響較大，比如有求職者看到門市張貼的徵才海報走進門市詢問，門市人員的態度及言行會導致不同的結果，如果門市人員非常熱情地接待並將徵才職位的資訊介紹給求職者，那麼求職者十有八九是會被其熱情征服並最終走進這家企業的。如果門市管理人員表情冷漠、不理不睬，甚至明明徵才也情緒化地回答「門市不要人」，這樣求職者就會被拒之門外。烘焙企業連鎖門市徵才模式運用的是比較成功的，其新入職員工 80% 以上來自門市徵才，其徵才模式的環節及操作方法如下：

　　1. 公關行銷工作。

　　2. 門市徵才海報製作。海報製作的品質對求職者的潛在影響力非常大，基本要求簡明扼要、凸出主題。如果是職位需求性廣告，企業應主要對擬徵才職位的資訊進行斟酌，對海報的風格、主題色調等根據實際需求進行針對性調查研究並突出擬徵才職位員工對職業的期待，以增強潛在求職者對企業的嚮往。

　　企業透過交錯發布職位需求性海報、情感訴求性海報，並在製作上力求創新，增強了潛在求職者對於企業的關注度，提升了對人才的吸引

力。企業還可以在海報上應用二維條碼技術，透過此技術連結企業官方網站、官方粉絲頁等，擴大企業與潛在求職者資訊交流與互動的效果。

3. 門市徵才熱情的激發。連鎖門市一般認為徵才工作是人力資源部門的工作。如果人力資源部門配置不到位，連鎖門市管理人員就向上一級管理機構進行投訴，透過強制方式來對人力資源部門施加壓力，以期實現連鎖門市人才需求的目的，其結果不但沒有很好地解決員工短缺的難題，反而導致人力資源部門與連鎖門市之間互相指責、互相拆臺。

員工是創造企業財富的根本，沒有合格的員工、敬業的員工，企業效益提升只能是好聽的口號，作為人力資源部門應透過自己的方法使門市意識到人才的重要性，激發連鎖門市在人才引進方面的工作熱情，實現人力資源部門與連鎖門市之間的有效配合。

4. 人力資源部門積極走進門市。人力資源部門負責門市基層人才引進的員工，透過現代交流工具與服務門市的人員進行交流溝通，積極為其解決需協助的問題（含生活問題），並透過走訪門市、門市員工培訓、公共活動參與等方式與門市店長之間增加溝通頻率，實現人力資源與門市之間無邊界的合作。

5. 門市徵才標準作業。請連鎖門市協助徵才並不是將徵才這項工作完全推給連鎖門市，而是讓其透過徵才活動更重視企業人才引進工作。

連鎖門市徵才工作包括熱情接待潛在求職者、展現企業員工精神面貌、協助潛在求職者與人力資源部門聯繫、將潛在求職者向人力資源部門報備等，透過提升潛在人才的面試頻率，提高企業人才引進的可選度。

(2) 以離職員工作為徵才對象的徵才模式

企業可以透過對檔案系統的調整，將企業離職的員工分為被企業開除的員工、未盡到提前書面告知義務而突然離職員工、正常離職員工三類。企業將員工檔案系統與企業簡訊平臺結合，由簡訊平臺向正常離職員工發送問候、祝福等資訊，只要離職員工沒有更新聯繫方式，就會收到企業訂製的資訊，為離職員工與企業保持情感的聯繫奠定基礎。企業偶爾也可透過資訊平臺向其發送企業用人政策的改進、企業近況、企業對於資深員工回鍋政策。本來就有一部分資深員工出於各種原因有回企業的想法，只是礙於情面以及沒有合適的管道，透過這種方式，資深員工可以重新回到自己的工作職位上。

資深員工回鍋，因其熟悉門市營運模式，減少了對其培訓的時間。同時資深員工回鍋對在職員工的穩定有非常大的作用，在職員工會想「為什麼這麼多的資深員工願意回來，那無非就是外面的企業可能還不如現在的企業，我們還是別跳槽了，好好做吧」。

(3) 以學生會成員作為對象的徵才模式

由於教育模式與社會需求的脫節，導致部分大學生畢業後不直接投入工作，重新踏入技術性學校學習。

企業人力資源部門作為企業人才配置的關鍵部門，對企業人才素養要求的把握要科學與精準，可以走進大學，透過企業用人理念灌輸與人才引進相結合的模式，增強在校大學生對職場的了解並附帶解決企業人才引進的難題。

某烘焙企業每年暑假、寒假都會接收大批在校大學生到企業實習，其中不乏大學學生會成員。企業會結合學生實習表現將優秀的實習生集

中在一起，平時透過 Line 交流群、人力資源官方粉絲頁等進行交流，人力資源專人會在 Line、粉絲頁裡發布職場資訊，解答學生的職場迷茫，定期組織學生會成員進行職前教育培訓，如企業需要什麼類型的人才、求職簡歷如何製作、企業徵才諮商等。企業還定期組織學生會成員參加企業實習，贊助學生會組織的學校活動（如學生會組織的校園歌唱比賽、籃球比賽）等。每個加入這個組織的成員都是企業人才引進的重要資源。很多企業對於學校資源的開發還處於起步階段，總是認為人才的引進就應該透過人才市場、人才網站等來解決。

　　肯德基和麥當勞為什麼經常開展適合孩子的娛樂活動，實際上他們是透過此類活動進行未來顧客培養，實現銷售業績的提升。那麼企業為什麼不考慮在學校進行未來人才的「培養」呢？只要對學校資源經營有效，一定會有部分畢業生優先考慮你的企業，也一定會口碑相傳宣傳你的企業。

建立職位的用人標準

　　人才甄選在人才引進中的作用不容忽視，不是每個人才都符合企業指定職位的要求，企業應認真對職位進行研究，根據職位需求有計劃地對後備人才進行甄選，以保障企業人力資源的需求。

1. 要明確企業的用人理念

　　用人理念決定人才引進方向，很多企業管理職位出現空缺不選擇內部人才培養，而採取人才市場供應。對於剛成立或成立時間不是很長的企業，這種方法是比較有效的，但此用人理念有很大弊端，無形中壓縮了企業內部員工的發展出路，對於企業內部人才的積極性打擊很大。

　　管理人員從企業外部引進，非常不利於企業內部各部門之間的溝通與協作。特別是連鎖經營企業崇尚標準化作業，如果企業癡迷於市場引進人才模式，隨著企業的規模越來越大，對於企業的不利影響可謂後患無窮。這是不是建議連鎖經營企業所有管理人員全部從內部培養呢？這樣也太絕對了，如果所有管理人才都從內部產生會出現近親「繁殖」的悲劇，導致企業創新精神不足，還有可能會出現瀆職現象。那如何是好呢？建議採取企業內部人才培養與外部「獵頭」相結合的模式，根據職位的不同採用不同的用人理念。對於企業中層或中層以下的管理人員以內部培養為主，以滿足連鎖經營企業營運統一、標準規範的需要；對於企業中高層管理人員和核心技術人員（含市場策劃人才）企業以產業獵

取為主，透過外部人才的引進不斷激發企業內部團隊的工作熱情，使其在兼顧統一性的基礎上不失開創性、創新性，最終實現企業穩健提升與健康發展。

2. 企業人才引進規劃

企業應對企業人才引進工作做好詳實的規劃，包括哪些職位需要外部引進、哪些職位需要內部培養、如何培養。此項工作開展管控的結果直接影響著企業的人才結構，最終影響著企業的發展。連鎖經營門市為了保證服務的統一性，一般除了最低級別的營業人員及最高級別的營運總監從外部引進以外，其他人才均由內部培養。如果產品在門市現場加工，除了製作產品的基層員工（有的企業定位為學徒）及產品研發總監從外部引進外，一般也建議從內部培養。

3. 進行企業職位研究

企業職位研究主要包括企業內部職位分析和產業標誌性企業職位研究。職位分析不似製作職位說明書那麼簡單，本書主要解說的是人力資源管控，顧名思義是人力資源問題控制節點如何有效被管控的問題，應該著力解決職位分析中的現實性難題，一是透過職位分析還原職位具體內容並制定說明書；二是職位工作內容變更但職位管理無法即時掌控。

職位分析是有先後順序的。

首先，明確職位在企業組織體系中的位置以及主要職能。即使是同一職位，在企業的不同發展階段角色也會有很大的差異。如人力資源部門在一家剛開設的企業中，最多是一個行政服務的角色，隨著企業規模的發展及組織體系的完善，就上升到企業管理部門的角色，參與企業經

營生產的會議，了解經營管理細節，製作人力資源編制控管、人事政策、規範經營生產管理行為等標準，並透過人力資源資訊系統監督執行。有的企業人力資源部門的職能更是上升到經營的層面，參與並主導企業人力資源策略、企業用人理念的梳理等。

其次，明確待研究職位的具體工作內容。主要透過縱向的職能分工和橫向的流程分析相結合的方式進行。本書在連鎖經營企業在職員工素養提升一節中詳細介紹了專職培訓師的職能，此職位員工在不授課時就要和培訓對象一起上下班。比如收銀員專職培訓老師和收銀員一起上班，培訓老師參與收款作業中需要履行的工作職責就是收銀員的工作職責，這對於人力資源部門科學了解企業員工工作內容具有極強的指導性。老師在與受訓對象一起上班的時候也可以了解受訓職位的一系列工作流程以及在每個流程中應承擔的角色。不管企業用何種方法，科學、客觀、真實地反映職位的工作內容是不變的原則。

工作內容明確是職位研究的前提，職位的每一項工作職責都需要員工具備相應素養才能履行，如收銀員的收款作業職能，此職位屬於服務性職位，員工首先需身體健康並具備吃苦耐勞的精神；正確的履行收銀作業需此職位員工熟練使用企業 POS（銷售點）收銀系統並熟悉企業產品；因在工作過程中顧客會問一些與銷售或產品項關的問題，此職位員工還應掌握所問問題的相關知識並且具備相應的語言表達能力；在履行收銀工作中可能會遇到騙子，收銀人員還應該掌握一些防騙的技能；因服務性產業可能還會遭到一些顧客的白眼，此職位上的員工應有服務意識和心理調節能力，性格不能太剛烈。透過對職位每一項工作內容進行分析與解剖，人力資源部門才可以精準地做到對企業中每個職位的有效管理。

如何即時管控職位工作內容的變化呢？

按照公司職位工作內容對變化機率進行分類，是不錯的選擇。在成熟的組織和部門中，職位工作內容隨意變化的可能性不大，對於連鎖經營企業中的門市營運所涉及的相關職位就屬於此類。人力資源部門對於職位內容變化不大的職位，透過資訊系統定期修訂，以保障對職位的有效管理。透過開發訂製的人力資源資訊管理系統，在系統中設置組織、職位管理等專業模組，此模組在每個部門都設有操作窗口，人力資源部門負責公司一級架構的設置，各部門負責人可在部門窗口中就部門架構設置提報建議並按照模組版本對新設職位的工作內容進行描述，人力資源資訊系統設置職位編碼、修訂職位名稱、職位工作內容、任職資格等，涉及部門與人力資源部門確認無誤後上傳主管審批並結存。對於不經常變動的職位，人力資源部門在系統中以月為單位設置職位內容、任職資格變化提醒功能。沒有內容變化直接在系統中選擇職位內容無變化，透過前面系統介紹的權限進行審批、結存。

對於新建立的部門、職位以及辦公區職位，工作內容一般變化比較大，職位工作內容變化、任職資格調整仍然在上面介紹的資訊系統中進行，但如果一個月處理一次就有可能出現職位管理的盲點，企業可在資訊系統中將職位變動模組與徵才模組資料進行連結，部門涉及職位需求徵才時可以在自己部門的操作窗口中下徵才申請單，此單據就會透過資訊系統任務分配職能直接傳送相關徵才專員處，徵才專員透過徵才需求調查研究的方式提請部門進行職位工作內容修訂，並按照系統設置權限標準進行審批、結存。

為了提高工作效率，注意系統的權限設置，一般主管級以下的工作內容變更部門負責人有權限修改並結存；主管級的工作內容變更需與人

力資源部門共同商榷變更。對二級架構的調整或新增職位，部門有建議權，人力資源部門有審核權，上級管理機構有審批權。一級架構的調整或職位的設置人力資源部門有建議權限，上級管理部門有審核權，經企業最高階管理者最終審批生效。

　　透過以上資訊系統的應用，人力資源部門就可以隨時了解到整個企業的職位工作內容及任職資格變動狀況，實現對職位的有效管理。

管控引進人才的素養

　　初始員工的素養管控以及在職員工的素養提升是人力資源管理工作中的核心。連鎖經營企業一般選擇門市自主與總部人力資源部門集中徵才相結合的模式，即員工徵才面試在門市進行，中高層管理人員和核心技術人員（含市場策劃人才）由門市推薦或總部人力資源部門自行獵取式的集中徵才。

　　對隸屬於門市的徵才職位，企業如何保證新徵才人員的員工素養呢？公司都有職位任職要求，對任職要求的解讀見仁見智，如何保障不同門市的辨識能力是一樣的呢？很多跨國的連鎖門市有幾百、幾千家不等，如果每家門市有一套自己的辨識標準，企業的人員素養就很難統一，連鎖服務也會受到影響。門市分散各地，如果沒有一套適合於連鎖企業人才引進的遠程管控系統，企業人才引進這個關鍵環節可能會出問題。

1. 面試管控程序的開發

　　隸屬於門市徵才的職位面試分為員工基本概況了解和電腦結構化面試兩部分。員工一般是直接面對顧客服務的，所以外貌特徵對顧客有很大的影響。員工的素養高低對顧客的影響也非常大。為了提升服務水準，提升企業在顧客心目中的價值，須做好員工外貌及素養管控以實現管控的效果與目的。

　　對於員工素養的管控，連鎖經營企業應開發行之有效的管控程序（見圖2-6）進行管制，最好應用高科技技術方式實現遠程控制的目的。

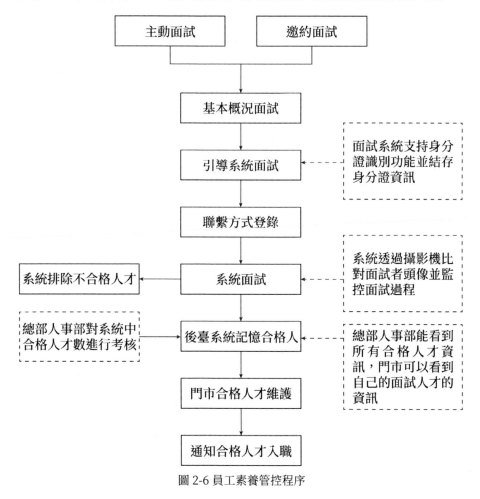

圖 2-6 員工素養管控程序

　　圖2-6的操作程序是一套素養甄別系統，此程序對於新進人才素養的遠程管控發揮了非常關鍵的作用，它同時還有一個非常重要的功能──人才儲備。門市透過不斷地邀約求職者透過此系統的面試，把合格的後備人才資訊結存到人才庫資訊系統中，當需要人才的時候就由門

市徵才人員在人才庫內通知其報到，這樣就大大減輕了連鎖經營企業可能出現人員不正常離職而造成的人才短缺問題的負擔。可能有的讀者會有疑義，人才不可能一直在家等著你的企業通知？是的，但基層員工本身就有一定的流動率，即使求職者已經在別的單位上班，只要門市人力資源人員選擇合適的交流工具（比如 Line 社群、FB 等）保持與其聯繫，當人才缺乏時就把徵才資訊發布出去，在其他單位上班的人也可能跳槽過來。

　　為了避免門市徵才人員在面試中作弊行為，此系統中有幾個非常關鍵的部分。

1. 面試系統的試題由總部人力資源部開發，以定期和不定期的方式在後臺進行更新。

2. 面試試題有 8 至 10 個版本，求職者在電腦前面試時，首先進行面試版本的選擇，面試試題自動組合，每次面試試題不一樣。

3. 每個門市設置一個獨立的、封閉的面試房間，配置一部電腦（配置一個視訊攝影機），透過面試系統的比對軟體、視訊攝影機和身分證辨識系統進行比對，杜絕作弊行為。

4. 此系統和人事檔案系統互相連結，凡是被公司開除或沒有向公司提交離職申請就突然消失的員工，會被系統列入黑名單，當此人再次到門市參加面試的時候，系統會自動將其排除。

5. 用此面試系統面試的時候，有時間的限制，沒有在規定時間內將題目做完的，為不合格。

6. 此系統還具有記憶功能，某位求職者在甲門市參加面試，結果為不合格，該員工到其他門市參加面試，系統會記住其為不合格員工，不接受再次面試。

7. 員工在面試之前，須將自己的手機號碼登錄面試系統方可正式進入面試程序，合格人才的身分證資訊和聯繫方式會被結存在人才庫的資訊系統中，以備用於合格人才的關係維護。

8. 此徵才模式還配有相應的考核體系，由督察部門對執行情況進行考核，由總部人力資源部門對每個門市人才庫總人才數量進行考核，以提升徵才效果。

對於中高層管理人員和核心技術人員（含市場策劃人才）的徵才，連鎖經營企業一般選擇的徵才模式是連鎖門市推薦、總部人力資源部集中徵才（包括內部獵頭）的方式，這樣解決了中高層管理人員門市不具備辨識功能的弊端，彌補了總部人力資源部在人才引進方面力量薄弱的弊病，最大限度地展現了徵才工作中集體作戰的效能。其具體程序如下（見圖 2-7）。

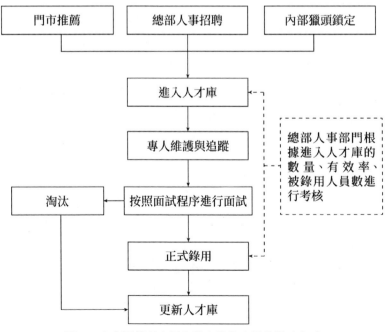

圖 2-7 中高層管理人員和核心技術人員的徵才方式

為提升面試工作集體作戰的效果，總部人力資源部門可開發連結所有門市與徵才人員的人才庫系統，記錄每個門市徵才人員及總部徵才人員上傳的人才資訊，並透過人才庫系統與入職檔案系統連結，實現對推薦數量及有效率的考核。人才庫中的人才，人力資源總部透過交流工具與其保持聯繫，透過企業資訊平臺在特殊節日透過求職者聯繫工具發送祝福，實現人才有效鎖定並追蹤的目的。

2. 面試試題的設計與更新

1. 要對計劃徵才職位以及在職人群進行研究與分析，找到涉及徵才職位面試測試題目的素養及個人情況指標。
2. 圍繞著 1. 結果進行面試問題的開發。
3. 對開發問題的測試。被測試員工的選擇對結果的影響較大，一般選擇比較出色的擬徵才職位人員和已經升遷到上一級職位現有優秀員工進行測試，並對測試人員進行測試培訓。
4. 收集測試樣卷並對測試結果進行分析，對面試題目進行改進。
5. 確定面試試題題庫。

面試族群特徵同樣對面試有很大的影響，比如說吃苦耐勞精神和家庭環境的關係，一般情況下家庭環境比較優越的孩子吃苦精神相對弱一點。企業在徵才人才的時候又比較關注穩定性，在設置面試題庫的時候，還應該考慮穩定員工的共同特徵，企業可將職位需求因數、員工群族特徵、員工穩定性影響因素展現在面試題庫中。

面試題庫確定後，題庫上線並正式啟用後根據實際不斷進行題庫更新。如果面試題庫無法做到與求職者思想理念變化同步追蹤，面試題庫反而可能會成為企業人才引進中的一大障礙。題庫設計必須做到與時俱

進，才能保障其針對性和有效性。

面試題目開發後，進行測試並檢驗題庫設置的有效性。透過不斷的測試、修改、再測試，最終開發出適合自己企業某職位的面試題庫。為了避免作弊及適應求職者心理的變化，面試試題開發人員應定期或不定期對面試題庫進行更新，保障此面試題庫的「信度」與「效度」。

除此之外，還包括兩個重要環節：一是門市徵才人員面試技巧及面試系統的操作培訓，門市徵才人員須深入理解此徵才系統的精髓，並熟練掌握面試系統的操作方法，保障面試系統時刻處於可使用狀態；二是面試合格的求職者的入職程序，人才庫系統與檔案系統資料連接，員工在辦理入職程序的時候透過身分證辨識系統將身分證資訊收集到員工檔案資訊系統中，人才庫中透過隱藏技術將已經辦理入職的員工資訊進行隱藏，這樣既保證了人才庫中永遠只有企業需要的待維護的人才資訊，同時也提高了新員工的入職效率。

第三章
在職員工素養提升

　　為了保障各連鎖門市管理風格的一致性，連鎖經營企業需要做好在職員工素養提升的管控。如果一個企業沒有很好的人才素養提升機制，再美好的願望也只能是「鏡中花、水中月」，最終影響企業的品牌形象及聲譽。連鎖經營企業應透過搭建企業的人才素養提升體系來實現企業人才的發展與提升，企業中層、中層以下管理人員和技術人員最好由內部升遷，以保障連鎖經營企業管理與服務的統一。

發展規劃

企業的人才素養提升應該有一個清晰可見的發展路徑，這樣人才素養的提升才會快捷、高效。為了做好連鎖經營企業職位的發展規劃，總部人力資源部應與連鎖經營企業主管共同研究連鎖企業職位之間的聯繫，特別是職位之間知識、技能的連貫性，並在深入調查研究和研討的基礎上進行職位路徑規劃。

1. 對企業職位進行科學的分類

在製作企業職位發展規劃之前，首先要進行企業職位的分類，企業職位主要分為管理類、技術類、行政事務類、經營類、專業類等幾種通用的類別，不同的連鎖經營企業因經營類別、門市規模、管理模式不同，涉及的職位類別也有所不同。

職位分類沒有固定的模式，企業可以根據管理需要選擇適合自己的職位分類。不過，由於不同職位的要求可能相似，企業有可能會將本屬於兩個類別的職位劃到一個類別中。

職位分類清晰之後，企業可中從職位升遷、專業技能提升兩個方向進行規劃，也可以將兩者合在一起規劃。比如說企業管理職位可以按照主管助理、副主管、主管、經理助理、副理、經理、總經理助理、副總經理、總經理這種管理等級進行規劃，也可以按照技工、助理工程師、工程師、高級工程師、專家這種專業技能提升方式進行規劃，還可以將

管理升遷與技術等級提升結合在一起進行規劃，如主管助理透過技能提升分為主管助理一級、主管助理二級、主管助理三級，主管分為主管、高級主管、資深主管三級。

確定職位升遷規劃後，企業應當進一步確定職位升遷和技術晉升的具體標準，不同企業在職位升遷與技術晉升上具體的規範標準會有差異，基本點是員工的個人利益和管理、技能水準相關。職位升遷和技術晉升標準不是一蹴而就的，需要人力資源專業人員與提升部門的負責人員共同制定，由低職位和低技術等級開始一級一級地設置，這是企業進行人才生產的核心。企業員工不但要有專業性，還要有很強的毅力與耐力，這個機制一旦建立起來，企業就可以透過此系統改造企業的人才基因。

2. 營運類職位升遷規則

某烘焙企業新入職的營業員定位為營業員 A 級，入職 1 個月以上的營業員可以申請或由門市安排參加為期四天的收銀員 POS 機證照在職進修培訓，理論考試和 POS 機器操作同時合格者即晉升為營業員 B 級。人力資源部門將為合格員工核發證件，並在內部人才庫資訊系統中記錄。在沒有正式成為收銀員之前，營業員享受 B 級待遇，一旦出現新職位或職位空缺，可以迅速透過內部人才庫篩選並安排到新職位。

職員從營業員 B 級升遷到收銀員職位即為收銀員 A 級，在收銀員職位上工作 3 個月以上，由員工申請或門市安排可參加收銀員 B 級的技能提升培訓，培訓期為 40 個小時，培訓內容為員工在門市走訪時處理問題的相關技能。比如，透過收銀人員離職調查發現有部分員工離職是因為不知道怎麼回答顧客在消費中的問題有心理負擔，為此培訓人員就在所

有門市中收集顧客問到收銀人員的問題以及和門市管理人員共同合作設計最佳答案，同時把它列入了收銀員 B 級升遷的培訓內容，要求參加升遷培訓的員工必須掌握這方面的專業知識。這種做法規範了所有門市就收銀問答的統一說法，為連鎖經營企業標準化、規範化、統一性建立做出了一定的貢獻，同時這樣做可以有效減輕收銀人員回答顧客問題時的擔憂。收銀人員參加 B 級升遷培訓同樣需要參加理論和實際操作考核，通過兩項考核的員工人力資源部門將為其核發證件，並在內部人才庫資訊系統中記錄，同時享受收銀員 B 級工資待遇。

取得收銀員 B 級資格的員工在店面工作 6 個月以上、表現良好且通過店面領班面試資訊系統者必須參加連鎖門市儲備領班的儲備培訓，培訓課時固定，但不是集中培訓而是分期進行。培訓結束參加儲備領班的培訓考核合格者，人力資源部門為其核發證件，並存入企業人才庫，享受收銀員 C 級工資待遇。注意此企業店面領班必須參加領班面試資訊系統的面試，領班是管理職位，有的員工專業素養很高，但缺乏管理的思維，也不能硬性提拔。

升遷到領班的員工即是領班 A 級，將在門市店長的主管下帶領一個班的員工開展工作，擔任領班 1 個月以上必須和收銀員 B 級一樣參加領班業務提升培訓，培訓課程也相同。領班升遷培訓的課程不固定，課時也不固定，發現新的問題就會有新的操作方法的研發與培訓，每次參加培訓都要接受考核。領班級別升遷半年進行一次，參加升遷的領班必須取得所有領班升遷的合格證書才有資格參加。取得升遷資格、半年度業績考核在平均水準以上者即為領班 B 級，人力資源部門將為其核發證件，並在內部人才庫資訊系統中記錄，享受領班 B 級工資待遇。

取得領班 B 級資格的人必須參加儲備店長的培訓，培訓課程課時固

定，分期進行。凡培訓合格、考核在一定標準以上者，人力資源部門將為其核發領班 C 級證書並納人店長的後備人選，享受領班 C 級的待遇。

店長升遷到店長 B 級、店長 C 級，督導 A 級升遷到督導 B 級、督導 C 級，經理 A 級升遷到經理 B 級、經理 C 級的操作方式參照領班 A 級升遷到領班 B 級、領班 C 級的基礎上結合對培訓員工的其他考核進行。

3. 技術類晉升規則

某世界 500 大製造類企業，有很多大型國產或進口製造設備，為保障設備的正常運轉，必須對設備進行維修保養，高額的維修保養費用是該企業不得不應對的問題。為了減少維護費，該企業打造了自己的維修保養團隊。該企業就如何提升維修保養隊伍的技能，如何增強維修保養隊伍的穩定性等方面，開始了自己的建立過程。

1. 收集企業設備可能產生的故障點。透過維保單位提供維修紀錄、維保人員訪談、相關組織維保紀錄、使用同一型號設備的其他企業的維修紀錄等收集整理出了公司設備共有 274 個維修故障點。

2. 對設備故障點進行分等。分等，按照設備維修的難易程度、技術複雜程度等由設備管理的總工程師、設備維修專家以及設備維保單位的相關專業人員一起進行，將所有維修故障點分為小故障、一般故障、較大故障、大故障、疑難故障 5 個等級。其具體的分等方式先由總工程師製作一個分等等級標準，再由分等參與人將所有故障點以不記名投票的方式細分到相應故障等級中，最後統計每一個故障點處於不同等級的票數，在哪個故障等級中票數多就被分到相應的故障等級中。

3. 在故障中進一步分級。按照難易程度等將故障分成了 5 個大等級，但是在一個大的等級中，諸多設備故障在維修的時候還是存在難易差異以及耗時差異，按照以上分等的方式將每一等中的故障點再進一步細分，就可以將所有的維修故障點細分到相應的更低一級的級別中了。

4. 設置每個維修等級的培訓計畫。不同的設備故障需要具有相應的知識結構、技能結構的專業人員才能維修，為了保障維修工作的有效開展，必須對每個故障等級中的故障點進行分析並制定出需要的知識結構、技能結構，然後結合相關主管、優秀員工、被服務對象的回饋等製作每個維修等級的培訓計畫。

5. 安排自學與培訓。包括既有理論的培訓和相應故障點維修技能的培訓，還有維修達到相應工時的培訓。要根據不同的培訓內容制定培訓的考核內容，只有考核合格者才有資格獨立參與受訓維修點的維修工作。

6. 技能評定。通過培訓的人員在獨立進行故障點維修的時候，人力資源部門一般會記錄維修人員維修某一故障點的時間以及維修好以後再一次維修的間隔時間，唯有這兩個時間達到了企業維修人員平均水準以上者，方認定為具備了維修特定故障點的資格。

7. 核算技能工資。人力資源部按照維修人員維修故障點的等級以及維修故障點的點數核算技能工資，按照每個月的實際維修等級和數量結算績效工資，這樣無形中促進了員工提升維修技能的積極性。

該公司透過此種技術晉升方式，大幅度地提升了員工提升技能的積極性，維修隊伍的技能結構也有了很大的改進，最主要的是隨著維修人員的維修水準的提升，員工都將精力轉移到自我提升上面來，員工隊伍慢慢就穩定了。

建立培訓隊伍

企業職位升遷、技能提升規劃，要想達到理想的效果，有一個非常關鍵的環節 —— 培訓。不同職位的培訓要求是不一樣的，如果培訓沒有針對性、導向性、前瞻性等，不僅浪費了資源，更是對企業人才策略的一種褻瀆。培訓是職位科學規劃的重要策略引擎，如何提升企業人才素養並實現與企業發展策略協同呢？首先就要進行培訓隊伍的建立。

培訓隊伍主要涉及培訓課題規劃人員、實施者、行政人員幾個族群。培訓課程規劃人員最好來自受訓對象的上一級別管理職位或技術職位，他們熟悉受訓對象，非常容易與受訓對象形成共鳴，對培訓工作的開展會發揮非常關鍵的作用。

隊伍建立還應該注重接收受過高等教育、語言表達能力強、善於學習與總結、熱衷於培訓事業、熟練應用辦公室自動化軟體，尤其是那些學人力資源管理專業及接受過系統人力資源管理培訓的人才。培訓人才的發現本身不是一件容易的事情，完全符合以上條件的更是難上加難，唯有按照自下向上的人才培養體系建立自己的人才隊伍才是有效解決之道。

培訓實施者主要涉及的是培訓師資體系的建立。培訓行政人員主要涉及設置設備、場地管理、資訊維護、培訓職能與其他職能模組行政事務的處理等。為了實現課程規劃的針對性，培訓老師要保持與受訓對象長時間的共同工作與良性溝通。

　　隊伍建立是工作開展的前提，隊伍的結構會影響工作的效果。將培訓工作定位為企業發展的策略引擎，是為了突出培訓隊伍建立的重要性。培訓人員應該對產業非常熟悉、對企業非常了解，最好來自企業或產業的資深人士。

規劃課程

　　培訓課題規劃人員一般都來自對受訓對象非常了解的職位。培訓工作除了要滿足培訓的針對性，還要滿足培訓的導向性和前瞻性。為了實現培訓的要求，課程規劃人員首先應具備相關課程規劃的專業技能。課題規劃主要分為以下 3 個步驟。

1. 任務分析課程規劃

　　透過任務分析可以明確職位工作內容，職位需要具備的專業知識與技能結構。哪些內容需要透過培訓解決？哪些透過徵才解決？哪些需要系統解決？凡是需要透過培訓解決的部分就是課程培訓規劃的主體部分。表 3-1 是一份某烘焙店店長職位的職責說明書，從日常衛生到工作管理，從門市銷售到服務管理，從一天工作內容到一週工作內容，都制定了非常詳細的計劃，這些內容嚴格來說都在任務分析課程規劃之列。

表 3-1 店長職位說明書

職位名稱	營運店長	隸屬部門	營運中心	職位編制數（人）	
直屬上級	營運督導	直屬下級	領班	任職人員	
職責概述	負責門市日常營運及人員管理				
職責描述					權限
職責一：門市日常衛生及工作安排管理					
工作任務	1. 每日開店前檢查員工（前場服務人員、現調人員、後場烘焙裝飾人員）儀容儀表及員工職位的安排，對於沒有遵守門市服裝儀容的員工現場予以指導				
	2. 每週進行大掃除，每日進行店外、店內、製作蛋糕的小房間、倉庫及休閒區環境清潔檢查。門市早班清潔（麵包櫃、蛋糕櫃、冰櫃、地面等）清潔的參與以及店內措施的檢查。				
	3. 購物托盤、飲料吧機器設備、烤箱裝飾設備清潔以及器具消毒的檢查，確保各用具按照清潔流程進行清洗。				
職責二：門市日常銷售及服務管理					
工作任務	1. 開、收店流程的操作，POS 機資訊的及時查看、傳達（新品資訊、新的活動資訊、其他重要資訊）				
	2. 熟知門市 A、B、C 套餐並執行，新活動內容的熟知、分配、執行、追蹤、總結以及主題促銷的執行。				
	3. 參與點貨、上貨並檢查貨品以及企劃物資（櫥窗海報、店內企劃物品）的陳列，針對不合規定的貨品陳列及時予以指導				
	4. 負責門市進貨、貨品的入庫以及多貨少貨的上報				

工作任務	5. 裝飾蛋糕間的貨品（冷凍材料、蛋糕體）及當日裱花蛋糕的定制量的檢查，小產品的數量查看及及時上櫃。製作完成的蛋糕的冷藏及晚間剩貨的保存
	6. 烘焙間原料（原料是否過期）及半成品貨量的檢查（原料斷貨時及時上報），烘焙人員出貨的流程及現烤產品品質、外觀的檢查
	7. 飲品原料品質、數量的檢查（原料是否過期、原料數量是否充足），斷貨時及時上報
	8. 前場營業員服務的跟蹤檢查（服務用語的使用、是否微笑服務），微笑服務示範，重點服務特殊人群示範（老人、小孩、孕婦等）
	9. 收銀員收銀服務的追蹤（是否微笑服務、是否進行新品推薦或活動推薦等）以及收銀帳目的管理
	10. 每週二參加店長例會，傳達並執行公司最新政策（新品資訊、新的活動資訊、即將新開門市資訊）
	11. 每日召開店內員工會議，傳達銷售最新資訊，針對員工工作中存在的問題與以指導並進行相應的技能培訓

職責三：門市日常人員管理及其他事務管理	
工作任務	1. 員工請假、休假、節假日的工作安排（員工請假及時上報）以及月底人員排班的安排
	2. 新員工工作情況的及時關注（新進員工、新升遷員工工作了解），定期與員工溝通，及時解決員工工作中存在的問題，不能解決的問題則及時上報

工作任務	3. 招聘資訊的及時更新（最新招聘海報的更換），招聘人員的及時上報，門市現場招聘面試的開展
	4. 裝飾、烘焙、現調人員日常工作規範的管理（是否按照操作流程操作、穿著是否合乎規定）
	5. 負責前場、後場人員工作的協調管理以及直接下屬的培養和自我提升
	6. 每日繳交裝飾師傅工作紀錄表。每週將 VIP 卡匯總單及週檢查表繳交、及時要貨（巧克力飾件、周邊等）。每月將相關數據、表單繳交（塑膠箱盤點數據、系統月結、店面考勤、月底大盤點、等）
	7. 及時了解競爭對手動態並回饋
	8. 下班時員工隨身物品檢查
	9. 主管臨時交辦的其他任務

2. 訪談受訓對象直屬主管

透過和受訓對象直屬主管溝通，可以了解到受訓對象不滿意的地方。受訓對象的主管對受訓對象的期望會隨著工作開展而提高，比如一位朋友剛加入企業的時候，企業員工缺編現象非常嚴重，所以當時對徵才的期望就是不管用什麼方式將缺編人員數量補充齊全。隨著企業人員短缺不再是很嚴重的問題，企業對人員的期望就轉到了在保證數量的基礎上注意素養的管控。現在該企業已經進入到精細化管理階段，每個門市只給予能夠保證門市正常運轉的最少編制以減少人工成本支出，為此對於徵才的期望就轉變到保證人員素養的基礎上，隨時補充需要的人員。

隨著被訪談者對受訓對象的要求的提升，培訓對象應具備更高層面的能力結構。企業對人員的第一個層面要求僅需要有熱情、不怕吃苦、不

怕被拒絕，能發揮主動性、積極性，善於把握機會、勇於嘗試就可以了，基本不涉及專業性方面的要求。到第二個層面的時候，企業希望人員具備在企業官網、專業論壇等方面的行銷技巧，熟悉企業業務流程、面試技巧，對職位具體工作內容熟悉、對相關專業知識的了解的專業要求。到第三個層面的時候，企業希望人員具備經營性思維、人才測評技術、結構化面試題庫開發能力、面試資訊系統開發與應用技術、與人才庫人才關係維護技巧、員工心理學、組織行為學等相關專業知識與技能。

透過和受訓對象直屬主管的交流和溝通，不但能夠解決培訓中的針對性問題，更增強了培訓的導向性和前瞻性。在培訓課題規劃的時候，受訓對象直屬主管訪談是一個非常關鍵的環節。為了更好地將主管訪談所總結出來的培訓規劃內容實施，應把主管訪談涉及的當前期望列入職位培訓內容中，把未來期望涉及的培訓內容列入職位升遷或晉升培訓中。

3. 受訓對象業績數據分析

受訓對象業績數據分析一般應用到受訓對象升遷培訓中。透過對受訓對象業績數據分析設定培訓課題，不僅解決了受訓對象的素養提升問題，而且可以間接提升了受訓對象的工作績效，這一開發方式是非常值得推崇的。管控的目的是什麼，不就是透過管控實現業績的提升嗎？

(1) 培訓課題的梳理

透過任務分析、主管訪談明確了受訓對象職位培訓內容，透過受訓對象業績數據分析確定了職位技能提升的培訓內容之後，還需要透過一個培訓規劃梳理工具進一步進行梳理，才能使受訓對象培訓內容不至於出現遺漏。

　　員工完成職位要求，必須知識結構全面、技能結構完善，才能發揮職位價值，實現企業效益的提升。知識結構可以細分為公司類知識、專業類知識、產業類知識，將確定的培訓內容細分到相應的知識類別中，按照不同的知識類別進行相應的補充。

　　不是所有職位都具備這三種知識類別，比如行政人員，他們的工作複雜度不是很高、區分度不是很強，這個職位就不具備產業知識的要求或要求不是很高。透過任務分析知道某家企業的行政人員主要負責各部門文件資料的處理，比如文件的列印與複印、資料的整理、檔案的管理、公文的處理等，為了較好地完成工作，行政人員必須熟悉公司有哪些部門、每個部門負責人的姓名與聯繫方式和其發生工作聯繫的上下流程段的工作人員的工作內容及其姓名與聯繫方式，明確自己的工作內容，了解公司的歷史與對外宣傳資料等。為了快速處理文件的列印、複印、傳真等事務，行政人員必須熟悉公司的列印機、影印機、傳真機的使用，了解以上機器中任何一個指示燈代表什麼意思以及如何處理，明確行政人員這個職位的知識要求。

　　行政人員要處理好文件，必須具備電腦操作知識、Office 軟體的使用知識、圖形圖表處理知識；對檔案進行有效的管理，行政人員應具備檔案管理的相關知識。公文處理行政人員還必須精通各種公文格式的相關知識，透過這樣的分析，行政人員的知識結構也就明確了。

　　技能是知識運用的熟練程度，主要分為操作性技能、創新性技能、交際性技能。這三類技能也不是所有職位都同時具備的，這僅是進行培訓內容梳理的一個模型。對於行政人員來說，操作技能中有文字處理速度、Excel 函數、熟練操作哪些 Office 軟體、熟練處理哪幾種圖形圖標、多長時間內找到任何一份完好無損的檔案資料等操作技能。行政人員也

涉及和多部門人員進行交流和溝通工作，必須具備與人交際和溝通技能。不過，行政人員一般是主管安排什麼事情就處理什麼事情，不涉及創新技能的開發，也不需要對職位進行太多創新性舉措。透過此種梳理工具的使用，行政人員所涉及的知識結構與技能就全部梳理完整了。

透過培訓內容的規劃和培訓內容梳理工具的使用，將全部培訓內容全部梳理完整，做到不遺漏、不重疊。

(2) 培訓課程計畫的制訂

培訓課題規劃結果不具備直接執行的條件，因為培訓組織人和培訓參與人根本不知道什麼時候統籌什麼培訓，哪些人參加，實際誰負責實施等，這些問題還需要明確才具有實施的價值。為此培訓實施者必須將各職位規劃好的內容製作出培訓計畫一覽表，這樣培訓參與人員才會知道如何去執行。

在培訓計畫表制定階段應特別關注培訓老師的人選、場地和時間的確定，這需要規劃人員提前與相關人員及部門進行溝通並確定。培訓是多個職位交錯進行的，應在職位培訓課程規劃的基礎上細化每週培訓計畫，並根據週培訓計畫追蹤培訓老師、培訓學員、培訓教室及其他培訓資源，保障培訓工作的順利實施。

建立師資團隊

　　培訓師資隊伍一般由專職培訓師、兼職培訓師、外部培訓師組成，對於企業而言專職培訓師就是各職位的培訓老師。專職培訓師雖然對受訓對象比較了解，但畢竟不是受訓對象的行政管理人員，對於培訓對象涉及的一部分問題，專職培訓師並不具備培訓能力。專職培訓師一般在培訓中主要解說一些共同的課程（心態類、制度類等）或協助其他培訓師進行培訓教材的製作、提供培訓服務等。

　　兼職培訓師在培訓體系中是一個非常關鍵的族群。培訓中有一個準則「您是做什麼的就培訓什麼」，不然很難將非專業的東西解說完整，結果可能會出現「誤人子弟」的狀況。這樣一來有一個很難突破的問題，很多培訓並不是人力資源類的，按照這一原則很多培訓都應該由人力資源部以外的專業人員實施。

編製教材

　　教材是非常重要的培訓工具，它為受訓者指明了受訓內容與方向。培訓教材的編制是一項系統工程，為了保證培訓教材與工作實際的一致性，培訓教材要考慮受訓對象的接受程度，要不斷更新，進行裝飾與美化，所以此項工作的開展不僅是專業問題，更是需要投入高度精力才能完成的。

　　行政人員在培訓體系中是一個非常重要的職位，它是連接各個職能模組的紐帶，它的核心任務是將課程規劃人員、培訓實施者、受訓對象及人力資源管理其他職能模組連接起來。課程計劃如何執行需要行政人員的支援，培訓實施者在培訓過程中需要其服務，培訓參與人的資訊處理並與人力資源管理其他職能模組的數據維護，以及培訓場地及其他培訓設施的管理都需要培訓行政管理人員來提供服務。為了更加有效地實現對以上培訓工作的服務，需要行政人員非常熟悉培訓內容並根據培訓內容提前安排相關工作，培訓教材的美化也應由行政人員、規劃者與實施者來共同參與，並最終審定與實施。

　　培訓教材的制定涉及教材排版、圖片添加、文字處理、表格製作等相關操作，所以要求行政人員對基本辦公軟體的使用非常精通。為了保障教材符合培訓需求，需協調規劃人員、實施者、受訓對象、人力資源管理部門的其他職能人員。培訓行政人員應具備很強的溝通能力與協調能力。為真正理解培訓內容的內涵與外延，培訓行政人員應在培訓現場

聆聽並做培訓記錄，附帶進行相關服務工作。

為了提升培訓教材的觀賞性、增強培訓教材的吸引力，能夠用圖片表示的就用圖片、能用表格表示的就用表格、能用影片代替的就用影片，盡量減少文字數量。這樣既提高了受訓對象的閱讀興趣，又減少了生硬的文字給閱讀者造成的壓力。

培訓教材需要即時更新，如果培訓教材和實際脫節，就可能讓受訓對象造成誤導。為了保證培訓教材的有效性，在整合一個培訓課題前，由行政人員將製作好的課題教材交由相應的實施者審閱、修訂。等到培訓實施者沒有任何異議的時候，再由培訓行政人員組織印刷，在培訓前期，將課題培訓教材發放給受訓對象並組裝到自己的培訓文件夾中。待某一族群培訓結束時，整個培訓教材也就更新到位了。

行政人員將整個培訓教材裝訂成冊並編制版本編號，同時透過書面及資訊系統兩種方式進行存檔，方便以後進行查閱，並為日後進行受訓對象的評估工作做好基礎準備。

行政管理

　　培訓行政管理工作主要涉及培訓計劃的制訂、通知的發放、老師時間的確定、教材的製作、場地的安排、物資的管理、培訓數據的處理等。培訓數據的處理一般是在培訓資訊系統裡進行的，主要包括受訓對象的確定、受訓對象出勤情況、培訓評估結果以及培訓合格資訊的生成等。

1. 受訓對象的確定

　　受訓對象分為新入職員工培訓和在職員工培訓兩個部分。

(1) 新入職員工培訓

　　前面介紹過的面試資訊系統，凡是符合企業要求的員工資訊會自動儲存在人才庫中，新員工辦理入職前必須進行培訓，培訓合格者方可正式辦理入職。如何保證參加培訓的人員都是面試合格的人員呢？需將面試系統中人才數據庫直接與培訓系統連接。面試資訊系統和培訓系統都支援身分證辨識和數據引流功能，員工參加培訓的時候，只要將身分證在辨識系統上掃一掃，資訊就可以直接引流到培訓系統中。培訓結束後，凡是考核合格者其資訊也可以直接收集到入職系統中 —— 也就是透過員工入職系統就可以直接看到面試並培訓合格的員工。一旦員工辦理入職，工作人員只要在資訊名單中直接點擊入職人員姓名，相關人員的

資訊就會進入檔案系統中,這樣既避免了二次登錄,又減少了資訊登錄中數據出錯的可能。入職系統還有記憶功能,可以計算參加培訓合格並辦理入職程序的人才數量占總培訓合格人員數的比例,方便對新入職員工的培訓工作進行安排。

(2) 在職員工培訓

　　培訓對象的確定要嚴格按照員工升遷規則進行,為了保證對在職員工進行培訓管控,企業有必要將職位升遷規則寫到培訓系統中。企業如何對在職員工的培訓進行管控呢?某烘焙企業開發了連鎖門市人力資源管理系統,門市管理人員可以在系統中對營業員培訓進行推薦作業。如果門市管理人員推薦的營業員或主動申請的營業員工年資沒有達到 1 個月,此推薦作業或申請作業就無法執行。這樣就避免了不符合條件的營業員參加相關培訓,保證了員工升遷培訓的管控力。門市經過培訓作業後,專業培訓師就可以直接在培訓系統中看到參訓對象的資訊,就可以確定在職員工的培訓對象了。

2. 受訓對象出勤情況

　　受訓對象出勤情況的管控主要涉及在職員工。培訓對象明確後,行政人員需依據培訓計畫整合工作,並透過資訊系統下發培訓通知。此資訊系統與連鎖門市考勤系統是互相聯通的,只要在培訓系統上鎖定某人員的培訓計畫,連鎖門市就可以透過門市人力資源資訊系統對其進行排班作業。參加培訓的人員參加培訓時需到培訓場地考勤設備上履行考勤作業,培訓對象參加一次,培訓系統自動登記一次出勤資訊。如果課程需要進行考試與考核的,行政人員會將每次員工考核的結果登記到培訓

系統中，不合格者，系統會提醒 XX 員工 XX 課程需要重新參加培訓，並重新生成培訓任務，以此類推。按照職位晉升或職位升遷培訓的課程規劃要求，培訓對象參加完職位晉升培訓，培訓系統自動提醒 XX 員工參加 XX 課程培訓內容全部完成。

培訓除了涉及新員工培訓和在職員工升遷、晉升培訓，還會涉及公司新政策的傳達、新產品上市、新工藝改善、新促銷方案的執行等相關培訓。此種培訓一般是企業中某一類職位或某區域職位、某級別職位人員參加的，在培訓系統下發出培訓指令時，選定相應受訓對象的屬性，屬於此屬性職位的員工就會全部接受到此培訓任務，透過考勤作業系統就可以直接排查參加培訓人員的出勤狀況。

3. 培訓評估結果

培訓評估是一項技術性要求比較高的工作，不同的培訓對象會涉及不同的評估方式與方法。評估對象主要涉及受訓對象、授課老師、培訓專職老師、行政人員幾個族群。

培訓對象評估主要內容是受訓對象對培訓中應知、應會的內容或技術的掌握程度。評估相對來說是比較容易的，包括理論的考試和現場操作，透過標準答案和技術標準規範進行衡量受訓對象是否達到標準，達標即認為培訓比較有效、不達標需復訓並重新進行評估。受訓對象的評估關鍵點是提前設定好標準答案和技術規範，這樣管控起來就比較容易，否則很難對培訓效果進行有效的管控。

授課老師的評估在不同的場景會涉及不同的評估方法，如果是非培訓部門的專職老師，人力資源部在邀請其進行專業課程授課的時候，最好不要用傳統打分制的評估模式，因為這樣可能會打擊一部分管理人員

或專業人員的培訓積極性，不利於培訓工作的進一步開展。

被人力資源部門聘為培訓師的老師，讓學員對老師評價時也盡量不用直接打分的模式，而是選擇以學員格式化建議的模式來進行，其目的是收集學員的針對性意見進行回饋與指導，使其培訓技能、技巧得以不斷提升。如果企業為了某些特殊需要必須以分數表示，也應該盡量以問題回饋形式為主、分數表示為輔的模式進行。

外部邀請的老師，因課程費用較高，在邀請階段就應該進行周密的評估。外部老師選擇和採用的模式基本一致，如果企業不對採用對象進行詳細的了解和評估，高額的授課費用就不一定能夠達到應有的效果。外部老師採用環節，人力資源部負責培訓的人員不僅要到老師的授課現場進行感受，還應該邀請對授課老師講解內容比較精通的內部人員來進行專業把關，唯有這樣才不至於在採用培訓老師的環節出現「馬失前蹄」的情況。正式採用老師之前，企業還應對老師的培訓內容以及工作履歷進行專業評估，以保障培訓的有效性。培訓結束後，企業一般對外部老師評估採用直接打分制，透過分數的多少反映培訓採用行為的好壞。

專職培訓老師一般是某個培訓族群的課程規劃人員。培訓工作能否收到應有的效果，培訓專業人員的課程規劃發揮非常關鍵的作用。評估只是分數的反映，很難發揮調整和改善的作用，須根據受訓對象培訓合格升遷至更高職位或職位晉升培訓中每一項業績指標的數據變化來進行分析，看培訓是否能夠解決企業人才儲備和業績提升的問題。企業應不斷總結經驗，調整或豐富課程規劃的內容，以促進培訓對於員工職位升遷或職位晉升的作用。

某烘焙企業店長課程授課老師在監控店長職位流失狀況的時候，出現了店長職位流動率連續 3 個月上漲情況，經過深入門市調查，發現店

長流失主要是由公司考核系統調整造成的。其中有一項是門市員工的流動率管控，店長以前一直關注店面的業績提升，沒有考慮員工流動率管控問題，更有甚者根本不認為員工的保留是店長的本職工作，以致對新的考核指標產生嚴重的對抗情緒，一些被扣分的店長很不能理解於是選擇離職。為此店長老師在分析基礎上建議開發一套新的考核方案並進行專題培訓，特別就為什麼店長應該關注流動率，店長關注流動率的管控後會給其帶來什麼好處，店長流動率的管控應該如何做、會發揮何種效果等問題進行專業培訓。店長透過培訓提升了員工流失管控的覺悟，同時具備了基本的員工流失管控技能，門市員工的流失得到了進一步控制，店長在此項目考核中被扣分的狀況得到了大大的改善。可見，員工職位升遷或職位晉升培訓能否收到實效，專職培訓老師的課程規劃是關鍵。為了提升專職培訓老師課程規劃的針對性，提升培訓效能，企業應將受訓對象業績指標的變化納入專職培訓老師績效考核之中。

培訓行政人員的評估主要涉及場地的安排是否合理、時間安排是否合理、設施設備是否完好、教材編輯是否簡潔醒目、老師安排是否符合實際情況等方面。此工作好像無關緊要，但對培訓工作的開展影響巨大。企業應該重視此職位的評估工作，透過評估不斷地調整行政安排，將評估結果納入行政人員的績效考核中，以提升行政管理人員的工作效能。

受訓對象參加相應的職位升遷或職位晉升培訓合格後，有的可以直接升遷或晉升，有的卻不能，必須按照職位升遷規則達到相應的績效要求才可以，有的職位還必須透過系統的測試才能夠實現。一旦員工達到職位升遷或晉升的要求，培訓系統就會直接將此員工轉到新的職位級別，同時生成員工新的工資標準。人力資源資訊系統薪資模組就員工的

薪資實行同步更新，以激勵員工參加培訓工作的積極性與熱情。培訓行政人員將新的職位名稱或級別資訊從資訊系統中下載、列印、簽字、存檔以備後期查閱。

培訓班管理

　　員工職位升遷或晉升培訓一般採用培訓班的形式進行。班主任就是專職培訓老師，班主任將職位升遷或晉升的課程規劃和課程計畫交予培訓行政人員，行政人員結合課程規劃與課程計畫整合培訓工作。

　　培訓參與人員一般採用主管推薦和員工自薦主管審批的形式進行，培訓系統具有對報名人員進行資格審查的功能，凡是不符合職位升遷規劃條件要求者，一律不支援報名。經常會出現報名人員多於或少於規定人員數量的情況，組織人員需與管理人員進行溝通，請求予以調整。一旦人員名單確定，行政人員需透過培訓資訊系統將 XX 班課程表傳達給培訓參與人員，便於對受訓對象進行考勤與評估管理。

　　培訓正式開始時，企業應組織 XX 班的開班典禮，請直屬主管做工作指示。可能會出現多個培訓班同時開班情況，這時行政人員的協調能力就尤為重要了。行政人員需要統籌考慮各種培訓因素出現衝突的可能，以免課程通知下發後出現「撞車」的局面。

　　培訓班的管理不僅僅是收費管理、報名管理，它有更多的內容，比如學員請假管理，學員在學習的過程中，不可避免地會由於各種原因而無法上課，如果沒有上課的時間也算作學員的學習時間，勢必會造成學員的不滿，一個請假管理模組的設計，充分地解決了這個問題，可以提高培訓班的服務品質和杜絕在管理方面的漏洞。

在培訓班課程結束的時候全體學員合影，以作為紀念。為激勵培訓師和學員的學習熱情，行政人員可以製作宣傳冊，把課堂互動的照片配上文字，放到企業的宣傳欄，製作有人性化特色的網站在企業各種平臺上進行登載，方便他們進行交流和學習。

培訓系統開發

　　連鎖經營企業培訓系統的開發，應按照業務需要進行模組分類，然後根據模組的要求與相關人力資源資訊系統接洽並延伸開發。員工培訓主要涉及新員工入職培訓、升遷與晉升儲備培訓、新品上市、公司政策培訓、委外培訓等幾個模組。新員工入職培訓前面已經介紹，其他培訓模組會涉及通知的下發、結果的查詢，連鎖門市資訊平臺應具備接收通知與資訊查詢的功能。

1. 儲備培訓模組系統開發

　　儲備培訓涉及主管指派、員工申請、主管審批、上報培訓需求，門市資訊系統應有培訓需求的上報窗口。提報培訓申請的時候，可能會出現申請人數量大於或小於規定人員數的情況，應設置提醒和排異功能，凡是人數達不到開班要求者，系統會提醒門市增加人員申請工作；人數達到系統設定的開班人數，則不再支援培訓申請作業，同時告知你，「此培訓班人數已滿，請在 XX 班下一期再行申請」。

　　儲備培訓經常會出現 XX 課程儲備培訓員工不具備職位升遷條件而上報培訓申請的情況，系統應與員工檔案系統、面試資料庫系統連接，凡是不符合條件的員工，一律不予支援。

　　符合條件的受訓對象按照培訓計畫完成課時並考核合格，按照職位升遷或晉升要求，培訓資訊系統與其他資訊系統數據連結，如員工檔案

系統，員工職位升遷、升遷系統，員工績效管理系統，符合職位升遷、晉升者，資訊系統自動實現職位升遷、晉升功能，行政人員只需要將其職位升遷、晉升資訊下載、列印、存檔即可，這樣可以大大減少瀆職行為的產生。

儲備培訓模組和內部人才庫模組連結，一旦出現職位空缺，人才庫模組會將符合儲備條件的人才按照績效高低的順序排列出來，以備決策者進行科學的人才選用。儲備培訓和績效管理系統連結，受訓族群培訓評估數據直接收集到考核系統中，實現績效數據採集工作。

2. 組織培訓模組開發

此模組的開發相對來說比較容易（見圖 3-1），透過此模組可以對受訓對象參加培訓的狀況進行監控，同時和績效管理系統結合起來，達到提升組織培訓參與度的目的。

3. 委外培訓模組開發

隨著培訓的深入和企業發展的需要，會出現員工專業能力無法透過內部培養來解決的狀況，那麼企業如何應對？只有將內部的優秀、有潛力的員工送出去學習和培養。很多企業會面臨這樣的問題，要麼是員工不能培養，要麼是剛培養好就走了，企業如何來保護自己，對此類人進行管控呢？

企業可以和外出培訓的員工簽訂協議，協議中明確培訓後的服務期限以及確定違約的支付辦法，將其資訊登錄培訓系統中，以實現對此類人進行管控的目的。

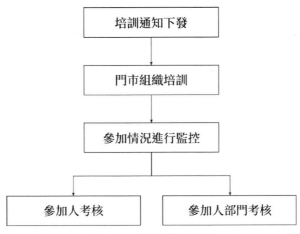

圖 3-1 組織培訓模組開發

　　委外培訓對象的確定涉及門市員工申請主管審批、主管直接安排兩種模式，應在連鎖門市資訊平臺中設置委外培訓申請的窗口。為了快速找到被申請人，應將委外培訓模組與員工檔案資料庫連接，透過委外培訓窗口直接鎖定相關人員。為了規避不合理的培訓需求，可以將委外培訓條件辨識與績效管理系統、檔案系統結合，凡是業績水準或背景（如在公司工作 5 年以上，獲得過什麼獎勵等）沒有達到規定條件者，不支援委外培訓申請業務，這樣就大大地減少了篩選成本和主管審批的成本。

　　委外培訓勞資雙方要簽署相關合約。為了管控合約的執行情況，委外培訓模組應將合約內容和執行要求（如某員工與企業簽訂的服務期限是 24 個月，員工每在公司服務 1 個月，系統就會自動出現合約金額）登錄到委外培訓系統中。此模組與薪資系統連接，如果培訓員工出現違約的行為，在結算離職工資的時候，離職工資中自動扣除員工應該承擔的違約金部分。如果員工離職工資部分不能夠承擔違約金者，人力資源部門可以與該違約員工溝通請其主動承擔責任，如果員工拒不承擔違約責任，可向當地勞動部門起訴要求其支付違約金額。

委外培訓模組不管是培訓申請審批還是違約責任承擔，都有相關的權限設置，在系統建立的時候應先仔細考慮。如違約金承擔，如果企業主管免去了員工的違約責任，可以透過主管的窗口直接處理。透過權限的設置就可以實現對委外培訓的有效管控。

4. 培訓教材模組系統開發及評估

培訓不僅對員工素養提升有很大作用，對於企業的知識管理也有關鍵的作用。企業如何有效地對資訊進行管理，如何實現知識共享呢？用培訓教材模組系統開發與評估可以實現這些功能。

培訓教材模組系統開發應與員工檔案系統連接，行政人員有權利透過此系統檢索到員工資訊並編輯教材的開發人、教材的版本等資訊，透過系統自動實現相關資訊的採集功能，為後期考核提供前提條件。

培訓在員工素養提升中有著非常重要的作用。培訓教材模組還應與員工考勤系統連結並設置受訓對象查閱的自定義窗口，培訓對象可以透過門市資訊平臺查閱最新版本的課題內容，以備學習、提升和知識更新使用。

5. 培訓評估系統的開發

培訓評估模組由許多小模組組成，主要涉及新員工入職培訓、儲備培訓、組織培訓中的相關學員、專職培訓老師、培訓實施者、培訓行政人員、受訓對象主管等。

如果沒有有效的管控方式，培訓工作很容易流於形式，特別是連鎖經營企業，經營店比較分散，難以管理，沒有很好的管控方式，很難實現員工素養提升的效果。企業必須詳細考慮每一個管控點，制定對應的控制方式，不斷完善、不斷提升，這樣培訓工作才不至於淪落為空中樓閣的局面。

第四章
在職員工績效評定

　　連鎖企業經營區域分散，如果在管理上僅僅以業績為中心的話，就會出現不同門市不同管理的局面。雖有一致的門市名稱、一致的視覺辨識標誌、一致的產品結構，但顧客很容易發現其中的差異，長此以往會影響企業的品牌形象，會導致企業業績難以實現增長。

　　企業自然要抓業績，但是圍繞著業績轉的同時不能忽視很多重要環節。抓業績效果來得比較明顯、比較快，其他很多環節因為耗時，短時間不易看到效果，很多企業由於忽視了它們，最終使整個企業的經營工作，千里之堤，毀於蟻穴。

　　為了企業的長治久安，企業必須有效地強化各分散連鎖門市的管理，創造一種模式不斷簡化繁雜管理行為，簡單極致直到「傻瓜版式」的操作，這樣管理才能堅持下去，才能實現企業業績的不斷提升。

　　對連鎖門市的管理，企業應借助高科技方式，創造一種適合企業管理和考核的模式來監督、管控門市的經營行為。企業在創造考核模式的時候，一定要符合實際，不能給管理造成導向性錯誤，否則會給企業造成致命的傷害。

績效與績效管理

　　企業開展績效管理的時候，要真正了解管理概念的內涵與外延，不能以訛傳訛、人云亦云。推行績效工作，最終會造成員工收益水準的差異，如果企業不能夠非常深刻地理解績效的本源，企業在推行績效管理的時候就可能會對自己造成傷害。

　　績效中的「績」是成績的意思，指員工在工作中所取得的成績。很多人可能都有上學考試的經歷，考試成績的反映形式 —— 分數和平時的學習努力程度有很大關係，但直接關係卻是學生用筆落在考卷上的字。一個學生對老師教授的東西掌握得再好，考試的時候發揮不好或受其他原因影響，最終的得分卻不會很好。績效中的「成績」不可能像學生考試時和落在考卷上的筆記有關，但一定和員工在工作中留下的客觀工作紀錄有關。明確了員工在工作中的客觀紀錄也就鎖定了員工的績效表現。

　　績效中的「效」是效果的意思，即組織或員工在工作中取得的效果。效果和什麼有直接關係呢？當某人出現發熱症狀的時候，一般會選擇找醫生求助。假設醫生診斷後給其開了藥物，其在按照要求服用 2 個小時後，體溫到了 36.5℃至 37℃，那麼此醫生開具的藥方有沒有效果？很多人都會異口同聲地回答「有效果」，為什麼體溫達到了 36.5℃至 37℃就被認為具有治療效果呢？那是因為絕大部分的人的體溫都在這個範圍，也就是說此範圍是正常體溫的標準值。由此聯想到績效中的「效

果」一定和標準之間有正相關關係。

那麼什麼是「績效」呢？所謂績效就是把員工在工作中存在的客觀工作紀錄和工作標準進行對比，凡是紀錄達到或超出標準值就證明該員工的工作表現是非常有效果的；如果紀錄和標準還有差距就證明該員工的工作還有改進的空間；如果紀錄和標準值背道而馳，就像一個國家中的一些恐怖分子一樣，他們的價值觀是和國家整體利益相悖的，這是企業絕對不能夠容忍的，需要立即採取強制措施進行改正（見圖4-1）。

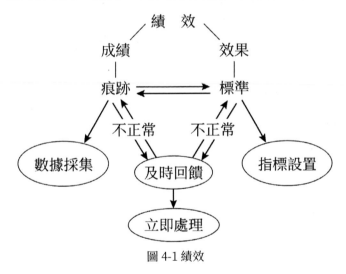

圖 4-1 績效

績效管理又是什麼呢？績效管理就是把員工的工作紀錄和標準進行對比，發現有差距或背道而馳的時候立即給其回饋。抑或是將危害企業利益者驅逐出去。

績效管理的核心是管理水準的提升，而不是考評，企業透過對員工工作紀錄的收集，將工作紀錄和標準進行比對一定能夠發現兩者之間的差異。如果企業的各級管理人員能夠第一時間和工作人員進行溝通，提出改正建議的話，企業的營運效率一定有所提升，也就意味著企業效益

的提升更加有保障。如果企業能夠做到發現員工的任何一項不良工作行為立刻進行回饋的話，從理論上說，企業的經營風險和成本會大幅度下降，也就真正地實現了績效管理的核心目的 —— 不斷提升企業員工或組織的效率及效益，最終實現企業和員工雙贏的局面。

要實現績效管理的核心目的，有兩個問題是難以克服的：一是數據收集，即員工在企業工作行為的紀錄收集；二是員工工作標準值的設定，標準值是由很多因素決定的，標準值的科學設定基本上是無法實現的夢想。比如，一些企業在推行績效管理時，年度銷售任務額的設定是按照年度預算作為標準值的，年度預算根本就是一個不準的值。未來一年可能出現國家政策的改變、經濟形勢的巨大變化等不可抗力因素，以不可預測的因素推算出的數據是不可能完全可靠的。一些企業在預算的時候採用半年總結並修正預算數據，雖然可以發揮一定的彌補作用，但仍然還是不準確的。

要想實現績效管理改變員工行為的目的，還有一個關鍵點是即時回饋員工紀錄和標準值差異。如果一個企業全部解決了這些問題，那麼其績效管理的推行一定能夠實現企業管理水準的提升，也一定會實現企業業績的逐步攀升。

績效管理開展時的阻礙

　　必須要明確，員工是比較反感考核機制的，考核就意味著行為上受到控制、利益上受到影響，更有甚者很多企業在推行績效管理模式的時候過於激進，給員工造成了「績效就是扣工資」的心理影響。員工為了維護自己的權益，會透過顯性或隱性的方式採取抵抗行為，造成勞資關係的緊張。推行考核模式是為了提升管理水準，不能達不到目標反而造成人心惶惶的局面。

　　員工的直屬主管面對績效考核實際上也是抵制的。按照傳統的考核模式，對員工的考核主要由直屬主管負責，一些企業實施績效考核的時候根本不了解考核的真正內涵，為了考核而考核，甚至為了規避考核中的瀆職行為制定淘汰比例，這樣不但給員工也給主管造成了很大的心理負擔，大多數管理人員會選擇陽奉陰違的操作方式進行抵制。如果不解決管理人員抵制績效考核的問題，公司在績效考評這個環節上一定會出問題，透過績效管理來提升企業管理水準也絕對不可能。排除直屬管理人員對員工績效考核的心理障礙幾乎是不可能的，唯有不讓其對員工進行考核，問題才能得到很好的解決，具體怎麼操作呢？

　　企業的所有權屬於老闆，對企業最為忠誠並承擔最終責任的是老闆，老闆們更希望企業處於安全的狀態。許多推行績效管理的案例以失敗收場，還給企業造成很多的損失，為此很多老闆對績效管控工作是保持謹慎態度的。不過，老闆不是反對績效考核而是強烈的渴望透過績效

管理提高企業的營運效率和效益，只是沒有找到很好的管理工具。糾結的心態導致老闆對績效管理不堅定，加之員工和管理人員的抵制，最終可能導致績效工作虎頭蛇尾。

　　績效管理工作如果不能處理好各利益集團的利益和想法，想透過績效管理來實現企業管理水準的提升基本上是不可能的。改變這一切，應該從哪裡入手呢？

　　透過以上分析，還是可以發現這三個族群在收益上漲方面是有交集的。企業推行績效管理，為什麼不以為員工收益上漲為合理的訴求呢？

　　員工普遍有薪資上漲、職位升遷、技能提升等預期，主管也希望透過薪資上漲、職位升遷、技能提升來實現員工的穩定。這兩個族群是有利益交集的，如果企業能夠協調好他們的利益，他們是完全可以相互支援的。

　　不管是薪資上漲、職位升遷還是技能提升，實際上都是員工收益的增加。但是，很多老闆不希望薪資福利上漲，透過增加薪資福利水準來滿足企業用人的需求，是迫於勞動市場的壓力，實際上是不情願的。他們的一般想法是，「讓我加薪可以，但總要給我一個合理的理由」。

　　企業推行績效管理工作就是為了給員工收益的提升一個合理的理由，並且以數據的形式展現，透過各種正規宣傳管道來實現員工對提升收益的認知的統一，那麼企業推行此項工作的阻力就可以大大減少了。

績效管理推行原則

認知的統一是思想層面的問題，僅僅解決思想問題，績效管理工作的開展也很難一帆風順。企業還要注意績效管理推行中的技巧，遵循績效管理推行中的原則。

1. 逐個部門推行原則

一些企業在推行績效管理的時候，是按照統一製作方案、一次性推行來進行的，這種推行方式存在極大的錯誤。一是方案製作對職位研究、流程研究等要求是非常高的，在所有職位全部同步推行，人力資源部門不可能有那麼多專業人員；二是任何管理都是有成本的，推行一種管理企業應該核算投人產出比，如果產出比較低的話，就根本沒有必要開展此項目。

有的部門不推行管理模式反而沒有損失，推行反而會造成收益的受損，所以企業在推行績效管理的時候應逐個部門進行，其中要貫徹關鍵性部門、成果性部門（如銷售部門、生產部門）優先的原則，兼顧先易後難的順序來推行。

2. 重管理輕考評原則

一些企業在推行績效管理的時候，喜歡先出激勵政策，重點描述獎懲方面的規則內容，無形中將績效管理導向了既得利益得失上面去了，此種做法可謂是方向性錯誤。員工為了短期利益的滿足可以不惜一切代

價。一些商場在績效考核中主要依據商場的毛利或銷售額的多少，不太關注其他的管理指標，結果商場管理人員為了滿足短期利益的提升，不斷地採取打折、降價、促銷等飲鴆止渴的方式，長此以往會影響商場的品牌形象和在顧客心目中的定位。

企業應將績效工作盡量引導向管理水準的提升上面來，如績效訴求「為員工收益的提升找到合理的理由」，具體依據是員工的每項指標的實際業績數據。影響員工收益的業績指標都不是以一個月為周期的，員工不得不保證每個月的業績指標數據都有所提升和改善，促使員工兼顧企業的長短期利益，逐步實現企業管理水準的提升。

3. 贏得全員支援原則

按照重管理輕考評的原則，強調指標數據的回饋，企業可以按照自下而上的方向，逐層收集各職位的實際指標數據。

人力資源部門將收集到的數據進行分析並將其回饋至主管和相關人員，本人和主管均可根據實際指標數據直觀地看到自己哪些指標做得比較好，哪些指標還需要改進，透過本人和主管的雙向溝通方式改進自己的不足，最終贏得員工收益的提升，贏得員工本人和主管的支援。老闆也因實現了管理水準和業績的提升，會心甘情願地支援管理項目的開展。贏得全體成員的一致支援是一項管理工作得以開展的最有效保證。

員工不習慣被當面評價，特別是負面的評價，如果一開始就用考核結果來反映工作差異，員工即使理解企業的績效訴求，但為了維護自己的面子也會採取抵制的態度。為了此項工作能夠無障礙地推行，績效管理應以業績數據的回饋為主，弱化員工對績效考核的敏感度，一旦數據收集管道運作成熟，再推行績效考評工作。

建立考核指標體系

　　解決績效管理的第一個難點是標準值的確定，標準值確定的前提是明確考核指標。考核指標是對員工或組織進產業績衡量的參數。確定了考核指標的內容也就確定了員工或組織努力的方向。考核指標的科學性對績效管理水準的提升有著至關重要的作用。

　　員工的指標體系由態度指標、成長指標、業績指標三類指標組成，而管理人員除了具備這三類指標外還要增加一類指標 —— 團隊指標。

1. 態度指標

　　如果員工沒有一個很好的工作態度，企業的管理和業績的提升都是枉然。什麼樣的指標能夠反映員工的工作態度呢？經過多年的經驗總結，筆者認為員工的每月遲到次數、每月遲到累計時間、每月早退次數、每月早退累計時間、每月員工出勤率、每月加班時間與出勤時間比、每月曠職天數、每月公共活動出勤比、每月指定時間內考勤頻率等指標可以間接反映員工的工作態度。

　　每月員工出勤率，按照實際出勤工時占應出勤工時的比例核定，加班增加的工時不納入實際出勤工時。

　　在生產經營過程中企業會出現間歇性缺工問題，如生產型企業突發生產加單，公司不能為了一個非常規訂單增加人員，一般會採取短時間安排行政人員到生產部門，補充技術含量不高的工作，不過會出現一部

分人以各種理由不參加的現象。企業開發員工公共活動出勤比的指標，即員工實際參加公司臨時性公共活動的次數占應參加公共活動次數的比例來間接反映員工的工作態度。

檢測企業員工的考勤時候發現，在上班前兩分鐘或下班後兩分鐘內考勤頻率加大。經過走訪與觀察了解到，原來一些員工基本上都是上班卡著時間點、下班早早地在考勤機旁邊等待刷卡的。有的員工因路途較遠出現考勤作業較多還能夠理解，如果是下班等待考勤作業者，此員工勞動態度是一定是有問題的，企業也可以以此指標反映員工的工作態度狀況。

態度指標遠不止這幾個指標，不同產業不同企業可以根據自己的情況開發出適合反映員工工作態度的績效指標。如果你希望透過績效管理來提升企業的管理水準，筆者建議你結合企業的實際情況探索具有針對性的反映員工工作態度的指標。

2. 成長指標

傳統的考核模式習慣對員工進行能力考核，而員工的能力不可能在短時間內有很大的突破或提升，單純的考核技能實際上是沒有什麼意義的。只關注員工技能水準結果不關注員工技能水準提升，想實現員工技能水準的提升是很難的。

績效管理中的成長指標，就是將員工按照培訓計劃參加情況以及達到的效果進行管控和考核，以促進員工技能水準的提升。具體指標為員工參加培訓出勤率、參加培訓遲到時間、課題培訓合格率、課題培訓一次性合格率等。

課程培訓合格率就是員工參加培訓後，進行考核合格的課程數占總

考核課程數量的比例。這裡的課程培訓合格不管是一次性通過的還是經過多次通過的，只要課題培訓合格就算數。

課題培訓一次性合格率是員工參加培訓後進行考核，一次性培訓合格的課題數占總培訓課題數量的比例。

員工達到職位升遷、晉升知識要求，即可申請技能鑑定。要想使成長的指標達到提升管理水準的目的，培訓課題規劃的合理性是核心的環節。

3. 團隊指標

管理人員工作是否有效不是單純由個人績效決定的，如果整個團隊成員工作態度不端正、團隊成員不思進取、技能老化、人心不穩、士氣衰落，企業要想提升工作成效幾乎是不可能的。管理人員的主要職責是任務分配、管氛圍、管流程、管標準、管員工技能提升，管理的對象的改變最終會展現在企業的業績上。企業如何管控管理人員呢？企業應結合企業的實際情況開發出適合管理人員的管控指標促進管理人員水準的提升。

某烘焙企業的團隊指標體系包含了員工穩定方面的指標、每月員工流動率指標；也包括管理對象的工作態度指標，每月人均遲到次數、每月人均遲到分鐘、每月人均曠職天數、每月員工人均出勤率、每月人均加班時間與出勤時間比、每月人均公共活動出勤比、每月人均指定時間內考勤頻率；還包括管理對象技能提升方面的指標，團隊成員每月人均參加培訓出勤率、每月人均參加培訓遲到次數、每月人均參加培訓遲到時間、每月人均課題培訓合格率、每月人均課題培訓一次性合格率、每月直接下屬人均培訓課時、每月培訓教材開發數。從理論上來說，整個

團隊技能水準和職位匹配人數越多，說明團隊戰鬥力越強，為此企業又開發出了團隊技能達標人數比的指標。

管理人員對標準管理、流程管理都應反映在最終的業績上，對於此類團隊指標的管理主要展現在業績指標中。

> 每月員工流動率
> ＝（團隊成員期末人員數－團隊成員期初人員數）／團隊成員期初人員數
> 團隊每月人均態度指標
> ＝團隊成員各項態度指標數據／團隊平均成員數進行核算

團隊平均成員數 =(團隊成員期末人員數 + 團隊成員期初人員數) /2 團隊成員每月人均技能提升和每月人均態度指標核算方式相同。團隊技能達標人數比就是團隊成員中達到職位升遷、晉升人數占整個團隊總人數的比例。

透過以上指標的設定，管理人員逐步將精力轉到了團隊成員的內部管理上，隨著各項指標值的提升，部門的整個部門績效也實現了穩定的提升。

4. 業績指標

對態度指標、成長指標、團隊指標的管控是為了實現企業業績的提升，業績指標是由一組結構性指標組成的，不同部門、不同職位的設置內容完全不同。業績指標的設定是一個逐步探索的過程，展現了企業管理人員的管理水準。指標的設定除了用相應的設定工具協助外，需要根據工作開展的深入程度逐步探索和提升。業績指標一旦確定下來會對員工工作方向有極強的導視作用。

(1) 明確職位工作內容

只有明確了相應的工作內容，才能根據工作內容的要求設定指標。

明確職位工作內容之後，要從工作時間、數量、成本、品質、顧客反映五個方面結合管理體系對職位內容要求分析並篩選指標。以下是某企業徵才專員考核指標設定的過程。

某企業徵才專員分為門市徵才專員和高階（經營管理、技術、研發等）人才徵才專員兩種。門市徵才專員專門為連鎖門市進行員工徵才，因公司只有高階人才對外徵才，其他管理人員一律為內部培養，所以門市徵才專員的主要工作就是為門市徵才有發展潛力的營業員。明確職位工作內容以後，此企業開始運用指標工具進行設定。

從數量上來說，此企業設定了徵才專員月徵才總人數指標，按照實際入職人員數為準。

從時間上來說，此企業設定了徵才專員徵才職位人才平均報到時間指標，也就是門市提出徵才需求到員工報到的平均時間，時間越短代表徵才效率越高。

從品質上來說，此企業設定了徵才有效率、徵才員工成長率兩個指標。對於此企業而言，凡是新徵才的人員入職 7 天內離職率最高，為此此企業規定，新徵才人員到門市工作 7 天者就算徵才有效，7 天後離開者計為連鎖門市的流動率。

徵才有效率就是在門市工作 7 天以上人員數占徵才專員總徵才人員數量的比例；徵才員工成長率是徵才專員徵才的員工提升為連鎖企業管理幹部的數量占總部提升幹部數量的比例與徵才專員實際年資的比值。透過此指標解決了員工徵才短期對品質的要求，對於新徵才人員的素養給予很好的管控。

　　從成本上來說，此企業的徵才成本不是由徵才專員進行管控的，所以對於此項沒有開發出相關的指標進行管控。

　　從顧客反映上來說，徵才專員是為連鎖門市人才引進服務的。雖然不能從形式上對徵才員工服務進行滿意度調查，但可以就徵才專員提供服務中因服務不到位而遭投訴問題進行記錄。一旦某徵才專員被投訴就被記錄一次，被投訴的次數越多也就意味著其提供的服務越差，因此此企業設定了一個每月被投訴次數的指標來反映門市對其服務的滿意度。

　　綜上所述，此企業門市徵才專員透過指標工具開發出了月徵才總人數、徵才職位報到時間、徵才有效率、徵才員工成長率、每月被投訴次數五項業績指標。

(2) 對指標進行探索

　　隨著工作的深入，上述企業發現有的門市不時出現兩人或兩人以上同時辭職的現象，此類情況出現的原因多是彼此認識的人被安排在了同一家門市。這類員工同時來也會同時走，走的時候如果不是正值企業的關鍵時期影響不大，但如果在關鍵時期，如春節期間，對連鎖門市影響就比較大，甚至會出現門市因無人工作導致無法正常運轉的局面。為避免此種情況，此企業開發了新的考核指標 —— 門市月員工集體辭職次數，即凡是出現在同一天、同一個門市有兩個或兩個以上的員工辦理離職的情況，一律按照集體辭職事件處理。

　　門市管理人員認為徵才員工是人力資源部門的事情，他們只關注門市業績。而徵才人員認為凡是到門市 7 天以上就不屬於自己的管理範圍了，員工走與留都不是自己的事情。所以，企業在門市流失管控問題上是一個真空地帶，為此該企業設定了兩個考核指標：徵才部門的流動率

指標和管理部門的員工流動率指標，以提高門市管理者對員工流動率的重視。透過這兩個指標的推行，門市員工流失問題得到了很好的控制。

隨著連鎖門市人工成本管控的需要，該企業進行了人員編制的管控。進行編制控制之前，每個門市基本都為自己門市配置了至少 1 名備用人員，無形中浪費了很多人工成本。在他們的思想意識裡，「員工涉及的人工成本問題屬於公司的事，我只要保證自己門市不缺人就好了」。為了控制人工成本的不合理支出，公司推行確定編制、職位管控工作，不允許連鎖門市再有備員。此企業還開發了面試資訊系統進行人才庫建立，開發了人才庫月人才新增數量指標和人才庫一個月前人才報到率指標來管控徵才人員的維護效果。人才庫月人才新增數量就是在人才庫中每個月新增加的符合企業需要的人才數量。人才庫一個月前人才報到率就是在人才庫中一個月前進庫的人才到公司辦理入職的數量占本每月總入職人員數量的比例。

透過以上探索的深入，門市徵才專員又新增了門市月員工集體辭職事件次數、徵才門市流動率指標、人才庫月人才新增數量指標、人才庫中一個月前人才報到率指標四個非常關鍵的考核指標。

(3) 對業績指標進行修正

企業處於不斷變化中，指標的設定也是需要不斷更新。隨著後期新增指標的完善，前期的一些指標就有可能被剔除；也會根據發展的需要新增或改變指標的內涵。業績指標體系的修正是一個動態的、變化的、有針對性的連續管控的過程。

人力資源管理人員往往僅具備業績指標體系設計的專業技能，而對於專業能力很有可能不具備，為此業績指標的設定過程是考核對象的直

屬主管和人力資源管理人員共同合作的過程，指標設置的好壞是由被考核人的直屬主管的管理水準以及與人力資源部門人員的配合程度決定的。

被考核對象與人力資源部門就業績指標設定的配合主要是由人力資源部門的公共形象、業績指標設定的切入部門或職位、人力資源部門負責績效管理人員的熱情程度、業績設定部門的先後順序決定的。

業績指標設定的切入部門或職位，是從對企業經營業績影響最大的部門開始，這樣的部門可能不止一個，對企業業績影響最大的職位也不一定是一個，所以企業選擇業績指標設定的切入點非常關鍵。一般把被考核對象直屬主管的管理水準作為主要決定因素，同時結合直屬主管的性格以及與人力資源部之間的部門關係綜合考慮，最終確定切入部門或職位。

人力資源部門負責業績指標設定的專業人員，對業績指標的設定品質影響也是比較大的。此人最好性格細膩，願意付出，不厭其煩，同時又能夠與考核對象的部門打成一片，兼具業績指標設定及數據處理方面的專業技能，透過其不斷地與考核對象部門進行走訪、溝通、了解，實現業績指標設定的目的。

業績設定部門的先後順序對於業績指標的設定也是非常關鍵的。在現實工作中，總會出現某些部門或某些管理人員極為排斥新型管理行為或管理模式的現象，企業應該先不加以理會，秉承著先易後難的原則，將能夠進產業績指標設定的部門或職位先行設定並加以實施，只剩下反對部門時，他們自然會主動要求開展此項工作。

5. 指標開發的過程

某烘焙企業門市業績考核指標設定的切入點不是門市的店長，而是門市的上一級管理人員 —— 區域經理。因為區域經理的上一級管理人員，即區域總經理管理水準相對比較優秀，很樂意進行管理創新，平時喜歡琢磨一些管理方式與方法並願意進行企業內部轉嫁。其為人謙虛謹慎，在下屬中具有很高的聲望，最為重要的是其與此企業人力資源負責人私人關係比較密切，為此企業人力資源部優先考慮以他所管理的區域作為切入點進產業績指標的探索工作。

在開始進產業績指標的設定之前，區域總經理將下屬的區域經理，組織到人力資源部培訓績效管理方面的專業知識，解釋為什麼很多企業的年度評優工作會演變成階級鬥爭，為什麼很多企業給員工增加薪資不敢光明正大地進行，為什麼管理幹部的升遷基本都是內定，如何打破以上「魔咒」呢？唯有企業開展績效管理方可解決。透過企業培訓區域總經理和區域經理意識到了績效管理的重要性和必要性，阻力變小了，相應的績效管理工作就好開展了。

職位工作內容的梳理。這是此企業人力資源部開展區域經理業績考核指標探索過程中的第二個關鍵環節，區域總經理主持，採用區域經理分組討論的方式，經過熱烈的討論並結合區域總經理的現場確認最終梳理了區域經理的詳盡的工作內容。

人力資源部為區域總經理、區域經理培訓績效管理的內容，對每種指標體系設定方法與工具進行了詳細的解說，使所有參與培訓的人員都具備了各指標設定的知識與技能。特別是業績指標設定的工具，在區域總經理的組織下按照時間、數量、品質、成本、顧客反映的方式進產業績指標的研討並確定。

　　區域經理是管理 7 至 8 家門市的連鎖門市的中層經營管理人員，他們的最重要的工作是透過促進門市管理水準的提升，維護連鎖企業的品牌形象，提升連鎖企業的業績。

　　透過數據分析，主要涉及顧客每月來客增加數及銷售額兩個指標。此企業所在產業的門市來客數是由很多因素綜合作用的結果，有些不是門市可以決定的，如產品品項、企業品牌及企業形象等。門市環境營造、門市服務對顧客來客數量的增加也發揮非常關鍵的作用，此企業人力資源部與區域總經理、區域經理最終商定作為區域經理考核的一項指標，即每月內每天來到門市的顧客數量較之上個月年增長率增加數量。指標是各綜合因素的反映，涉及的部門和職位也考核此指標。銷售額就是每月門市銷售金額的總額。

　　透過時間分析，沒有合適的指標。

　　透過品質分析，主要涉及來客數的轉化率，此指標也是綜合因素作用的結果，也被作為區域經理的考核指標，涉及的部門和職位也同時被考核此指標，即到門市消費的顧客數占來客數的比例。此指標是非常重要的門市經營管理的品質性指標，轉化率越高門市業績提升的可能性越大。

　　透過成本分析，主要涉及門市費用控制率，即門市費用總額占銷售額的比例，這裡的門市費用不含門市租金、門市稅金等可控費用額。

　　透過顧客反映分析，主要涉及管理門市服務性投訴次數。顧客投訴分為產品投訴和服務性投訴兩個類型，該企業的產品是由別的部門生產，門市僅進行販售，所以只涉及服務性投訴，凡是服務性投訴次數多的就間接證明區域經理在門市服務管理方面有很大欠缺，需要進行進一步調整與改善。

　　透過以上績效管理工具計算出每月來客增加數、銷售額、門市費用

總額占銷售額的比例、來客數的轉化率、門市費用控制率、服務性投訴次數。這些指標都屬於結果性指標，如果僅僅關注這些結果性指標而不考慮管控過程，指標的最終結果也是不可控的。為此人力資源部和區域總經理共同探討並根據管理中出現的問題又設定了以下指標。

想要實現以上結果性指標，區域經理必須到所管理門市進行常規檢查、發現問題、協助店長解決問題，但是區域經理的工作比較靈活，沒有固定工作地點，主要是進行流動工作，責任心強的檢查門市的頻率相對較高，責任意識差的可能連影子都看不見，即使責任心強的區域經理也可能受外界因數的影響而不進行檢查工作。怎樣將其鎖定到門市裡呢？人力資源部和區域總經理共同探討最終設置了巡店符合率指標，即區域經理落實巡店計劃的比率。

人力資源部與區域經理溝通，有人提到「我們為了滿足巡店符合率，萬一在某家店面處理顧客投訴，我們是不是就可以放下顧客直接到下個店面去檢查呀」，為了解決這個問題，人力資源部和區域總經理又進行商討，最終設定了一個在店時間與在途時間比考核指標，就是在門市的時間和在路上的時間之間的比例，比例越大證明區域經理被鎖定在門市的機率越大，越小就間接反映區域經理可能就不在工作職位上。

為了規避區域經理門市管理的偏頗行為，巡店符合率指標繼續保留與區域經理在店時間與在途時間比指標交互使用，以鞭策區域經理盡心盡力對所管理的門市進行管理。

連鎖門市比較分散，各個門市店長和區域經理對企業的管理標準和要求理解不一，雖說門市的產品、店面的視覺識別系統、門市員工的服裝等都做到了統一，但是到不同門市明顯能感覺門市與門市之間的差異，結果管理比較規範的門市業績明顯好於管理較差的門市，這樣不僅

僅影響了部門的業績，同時對連鎖經營企業的形象造成很大的影響。為此人力資源部和區域總經理進行磋商，用什麼樣的方式實現所有門市的標準化？唯一的解決辦法是有一個組織，專門按照統一的管理標準對每個門市按照週頻率相同的原則進行檢查、打分、回饋。得分多少代表門市店長對門市遵守管理標準上的高低，區域經理管理所有門市的得分平均分顯示出區域經理管理門市的有效性，為此一個新的考核指標就被設置出來了，區域門市檢查平均得分。

區域經理：「那麼這個組織也可以將過期商品檢查出來了。」「沒錯」人力資源部負責人回答，「我們是做食品的，我每次最擔心的就是員工不負責任將過期商品仍然放在門市貨架上，如果沒有顧客購買還好，一旦購買了，問題反而更大了，不僅會造成顧客投訴，如果顧客將過期商品仍繼續販售的事件公布到網上，我們的品牌就完了。」人力資源部負責人肯定地點點頭，「區域經理說我們能否在檢查中發現過期商品繼續販售事件進行統計並納入考核呢？」「當然。」人力資源部負責人肯定地回答。為此此企業又設置出了一個考核指標──區域經理區域門市過期商品繼續販售件數。

在與區域總經理溝通過程中，區域總經理反映出一個問題，有的門市因管理不善經常出現門市打烊後用電設備沒有關閉的狀況，浪費了大量的期間成本，區域總經理多次在各種會議上進行要求，但總是運動式地起伏，稍微放鬆一點，類似的事情又再次發生，區域經理很是苦惱，這種問題怎麼解決呢？

人力資源部負責人和區域經理進行了深入的溝通，人力資源部負責人問：「店面員工沒有將用電設備按時關閉，您是怎麼知道呢？又是如何處理的呢？」

區域總經理：「公司供應鏈部門專門有一項業務為門市鋪貨，門市正常經營需要大量的零錢，由公司行政部為門市派發零錢，公司規定這兩個部門每次辦理業務的時候必須同時進行，以便互相監督，同時他們到門市的時候，還有一個職能就是檢查門市打烊後門市管理的狀況，他們每次發現門市異樣就會將資訊統計並回饋給我們，我們按照公司規定予以處罰。」人力資源部負責人：「處罰後就結束了嗎？」

區域總經理：「是的。」

人力資源部負責人：「我們為什麼不設定一個門市打烊後門市管理標準，請行政部門協助在為其門市服務的時候，按照門市管理標準進行檢查並將不符合標準的事項統計並統一上報呢？」

區域總經理：「我們以前就是這樣做的。」

人力資源部負責人：「差不多是這樣，但是行政部和供應鏈部門，以前的打烊後門市管理標準是不清晰的，如果只是將發現的問題回饋，那還有很多沒有發現的問題，有了這個標準，行政部門工作人員就可以按照上面的設備項目一個個檢查，這樣管理就全面多了。」

區域總經理：「這樣在店面的時間就會長了，會不會影響門市鋪貨呢？」人力資源部負責人：「這個不會的，因為畢竟門市不是很大，店面設備也不是很多，我們只要製作一個門市設施設備一欄表，以門市為單位，凡是正常就打『○』，這樣不會花費多長時間的。」

區域總經理：「那接著怎麼辦呢？」

人力資源部負責人：「行政部人員以每個店面為單位將每個店面不正常的情況進行統計並發送給您，這樣就知道整個門市打烊後的狀況了。」
區域總經理：「這樣和考核會結合嗎？」

人力資源部負責人：「當然會，我們可以設計一個指標名稱 —— 門

市打烊後不良事件數，透過此數據，不良事件越多就證明管理得越差，少則好，同時也可以結合以前的制度進行處罰了。」

區域總經理：「哦，我懂了，這樣就可以做成常規管理模式了，不像以前行政部門發現了就處理，沒發現就不再理會了。」

人力資源部負責人：「是的，透過此管控方式會督促門市管理人員重視打烊後的門市管理工作的。」

透過和區域總經理深入溝通，人力資源部負責人和區域總經理又開發了一個管控指標，區域經理門市打烊月平均不良事件數。透過此指標的執行，大大提升了門市打烊後的管理水準，減少了很多成本浪費。

為了全方位、多角度地提升區域經理的管控能力，人力資源部負責人向區域經理建議，與為門市提供服務的人員協商關於區域經理考核指標的設定問題，因為服務部門與被服務部門會涉及配合度的問題，比如說連鎖門市會涉及門市員工排班問題，會出現門市管理人員根本就沒有排班的情況，結果導致員工上班的時候無法進行考勤作業形成員工「被曠職」現象，人力資源部在核算門市員工工資的時候出現錯誤，造成員工不滿。怎樣杜絕類似問題呢？唯有將其納入考核範圍，就像門市打烊平均不良事件數指標一樣，進入常規管理的範圍，才能最終實現管理水準的提升。

首先是人力資源部的相關工作人員參與了區域經理考核指標的設定。人力資源部負責人專門邀請了與門市經常聯繫的人力資源部門工作人員。負責人力資源檔案的主管提到了一個問題，「門市經常不在資訊系統上操作新員工報到作業，導致無法了解員工在門市的考勤情況」。

區域總經理問：「為什麼必須在門市資訊系統進行新人報到作業呢？」
人力資源部工作人員：「我們屬於連鎖經營企業，門市比較分散，很多員工是在人力資源部門辦理的入職工作，但是很多員工根本就沒有到門

市上班，為了即時掌握店面人員狀況、更好地為門市人員補充做資訊支援，我們開發了一個員工線上管理系統，門市管理人員只需要在門市的資訊平臺上將新員工在人力資源部辦理入職的考勤號碼等相關資訊透過考勤系統鎖定並勾選就代表員工已經到門市報到，反之就代表員工沒有到門市報到，這樣人力資源部門徵才人員就可以知道門市人員資訊，及時為其進行人才補充。同時作為人力資源部門的勞動關係員工也可以直接電話通知，已經辦理入職但是沒有到門市報到的員工到人力資源部將其領用的公司物品退還給公司。這樣既提高了為門市服務的及時性，同時也減少了公司物品占用期間的成本損失。」

區域總經理：「還有沒有其他的人力資源管理方面需要門市進行操作的呢？」

人力資源部工作人員：「有，剛才向您匯報的員工線上管理系統除了支援新員工報到功能，也支援門市員工異動上報功能，比如員工已經離職了，以往人力資源管理的檔案系統都是按照實際辦理離職手續的人員才顯示為離職，這樣一定會出現員工檔案中人員數量大於門市實際工作人員數的情況，給人力資源部門帶來誤導，可能會影響人力資源部門針對門市進行人力資源政策的制定，影響門市的營運。如果門市能夠將人員的異動資訊及時上報，人力資源部門就可以提前知道哪些人員已經離職，這樣就可以及時通知其到公司辦理交結手續並結算離職工資，大大提升離職員工的滿意度。我僅僅介紹了一種員工異動狀況，假如說員工調店，如果員工原來的門市管理人員沒有在門市資訊平臺上上報員工調離職位，那麼被調動的員工就不能到新的店面做員工報到作業，就會影響員工考勤工作，有可能造成員工在工資結算方面的差異，影響員工對企業的滿意度。還有員工升遷、降級等都是一樣的，所以門市在資訊平臺上不能及時進行人員異動

作業的話，最終可能會導致門市員工的不滿。」

　　區域總經理：「還有沒有其他的？」

　　人力資源部工作人員：「還有，但一般影響相對來說沒有剛才說的幾種情況大，所以我們稍微加以提醒就好了。」

　　區域總經理：「我們用什麼方式能夠解決呢？」

　　人力資源部工作人員：「我們要求新入職員工到門市報到的時候，拿著人力資源部開具的報到單找門市店長，並告訴新員工找店長請其在資訊系統上做新員工報到作業，透過此種方式不做報到作業的現象已經大大減少了，可還是有類似問題產生。還有一個控制措施，就是新員工在人力資源部辦理入職 3 天後，如果系統上仍顯示某員工為未報到，我們就會電話通知其到人力資源部辦理物品退還工作。如果員工說已經在門市上班的話，人力資源部會與門市店長核實，情況真實，人力資源部工作人員會透過人力資源資訊系統後臺為該員工做新員工報到作業。只要人力資源部起用新員工後臺報到作業，就一定意味著涉及門市沒有做此作業，系統會自動記錄 xx 門市新員工報到未作業次數。」

　　區域總經理：「如果一個員工第 4 天才到店面報到的話那怎麼辦呢？」

人力資源部工作人員：「我們規定新員工自辦理入職之日起 3 日內不報到者，此徵才就算作失敗事件了，即使出現您說的情況，資訊系統也不支援新人報到作業了，我們依然會通知其到人力資源部辦理物品退還手續，同時人力資源資訊系統會將其記錄到黑名單中，從此以後不再僱用。」

　　區域總經理：「員工調店等異動情況呢？」

　　人力資源部工作人員：「系統擁有員工 1 天無考勤記錄提醒功能，凡是排查出 1 天不做考勤作業，門市也沒有將其員工備注辭職、請假等情況者，那一定就是系統沒有做相關員工異動作業，我們同樣按照前面新

人報到作業方式與員工聯繫、核查,同時在人力資源系統後臺進行異動作業,系統同樣也會記錄沒有進行異動作業的次數。」

區域總經理:「那考勤排班呢?」

人力資源部工作人員:「考勤系統和門市營運系統是連結的,如果門市當天沒有在資訊系統上進行第二天員工排班作業者,員工下班的時候就無法正常關閉門市營運系統,這樣就逼迫門市店長不能不進行門市員工排班作業了,但是還有一個問題比較難以解決,就是門市店長不認真排班,這樣員工就無法按照系統顯示的排班系統進行考勤,這樣門市只有在系統上進行補排班作業,凡是補排班一次系統就會記錄一次。記錄次說越多證明門市誤排班次數越多。」

區域總經理:「萬一是員工臨時有事情造成補排班呢?」

人力資源部工作人員:「門市管理人員有證據證明是員工原因造成誤排班者,人力資源部門工作人員會在人事後臺進行調整,如果沒有證據證明者,一律按照系統預設的數據為準。」

透過人力資源部工作人員和區域總經理溝通,此企業最終設置出了一個新考核指標 —— 區域經理管理門市月平均人事系統操作不良次數。

為了進一步探索區域經理的業績考核指標,又邀請了為其服務的供應鏈部門、企劃部門、數據統計部等相關部門,進一步探索指標。

按照符合條件的部門或職位優先實施的原則,在完成了區域經理考核指標的設定之後,緊接著在區域總經理的支援下又完成了門市店長、門市店員的考核指標及區域總經理自己考核指標的設定,這樣整個門市營運管理體系的考核指標設定就全部完成。伴隨著績效管理其他環節的深入,該企業用了 1 年半的時間按照前面介紹的方式實現了整個企業的績效管理工作的全面開展。

數據採集與軟體系統的設立

考核指標的設定解決了員工及組織的工作方向，不過沒有員工或組織實際工作紀錄的支援是不能夠說明工作好壞的，為此必須要解決績效管理中的另一個難題 —— 員工客觀工作紀錄的收集問題。

1. 明確業績指標的內涵

建立業績指標數據收集系統前，要明確每個業績指標的具體內涵及核算公式，如來客增加數就是每月每天平均來客數與上個月每月每天平均來客數的差數。建立數據收集的管道時，不排除可能會使用科技方式協助數據的收集。來客數的收集，以前企業完全靠人工進行，這樣很有可能會因數據收集人責任心不強而導致數據出錯的情況。

某烘焙企業透過各種管道尋找到一種客流統計工具，此工具透過紅外線技術進行客流檢測，此工具安裝到顧客通道上就可以隨時檢測到門市入店人員數。因該工具本身就有數據收集、數據處理功能，自然也就能直接出具來客每月平均增加數的具體數據。建議在績效數據收集方面，能夠透過成熟的高科技方式解決並且成本又在企業接受範圍內的，就盡量使用。透過指標內涵的分析，有的指標需要現有公司資訊系統直接搜索的，就可以透過現有資訊系統直接進行數據的引用。如銷售額指標，連鎖經營企業本身都會有成熟的營運系統，透過此系統將每天的銷售數據直接引用即可。

　　透過指標內涵的分析，有的考核指標可以透過高科技方式和現有資訊系統結合來提供數據，就可以應用結合的方式實現數據的核算、轉化與引用。如來客數的轉化率指標，可以透過連鎖門市收銀系統中的客單數與客流統計系統檢測出的來客數進行核算轉化出來。企業只需要透過門市收銀系統將每天動態的客單數數據收集到客流統計系統中，客流統計系統本身就有客流轉化率模組，直接就可以顯示出客流數據轉化率的具體數值。

　　透過指標內涵的分析，有的指標可以透過對現有管理系統進行改造實現指標數據的收集功能，企業可以改造資訊系統實現數據收集。如巡店符合率、區域經理在店時間與在途時間比這兩項指標，企業就可以透過對考勤系統排班功能模組（在考勤系統中選擇門市編碼與對應巡店時間的方式進行巡店排班）進行改造，實現區域經理每到一個店面，進店和離店都要在門市的考勤系統上進行考勤作業，考勤系統就可以透過辨識店面考勤設備編號及門市巡店排班計劃實現符合率的統計，透過考勤系統結算功能就可以統計具體考勤號在門市時間與在途時間的數值及時間比數據。

　　透過指標內涵的分析，有的指標不能夠透過以上系統實現數據的收集，也不能透過系統或設備的改造實現數據的收集，企業只能針對性地另行開發數據收集軟體。透過第一收集人數據登錄實現數據收集，減少人工進行數據收集過程中的數據轉述錯誤機率，可以提升數據收集的效率及準確率。如區域門市檢查平均得分、區域門市過期商品繼續販售次數、門市打烊月平均不良事件數等指標，以往是透過專門負責檢查的部門按照標準進行檢查、打分，然後將原始的打分表單交到人力資源部進行統計，這樣無形中增加了數據處理的成本，還有可能增加數據處理中的錯誤機率。

　　企業必須按照職位考核指標開發數據收集系統，實現所有考核指標數據的集成才會對後期績效管理發揮促進作用。為此作為人力資源部負責考核的人應非常明確各數據收集軟體之間數據傳輸的邏輯，在 IT（資訊技術）部門支援的基礎上訂製開發績效管理數據收集系統，不然大量的數據處理將應接不暇。

　　圖 4-2 是該烘焙企業區域經理數據收集的邏輯關係，透過此邏輯關係與 IT 部門合作開發數據收集系統便可以實現各資訊系統中考核數據收集、傳輸，實現員工工作紀錄客觀、有效的生成。但是系統數據收集中涉及的數據既有系統收集的，也有數據端登錄的，如何保證每個數據都能按照數據收集提報週期及時準確地採集呢？

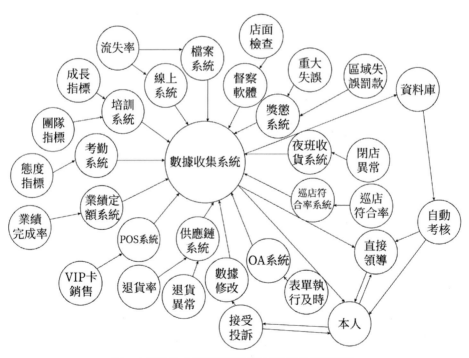

圖 4-2 某烘焙企業區域經理數據收集的邏輯關係

數據透過資訊系統收集實現採集者，只需要企業保證網絡的正常、穩定就可以直接實現。

數據透過登錄窗口實現採集者，如該烘焙企業中區域經理、區域門市的檢查得分考核指標，如果沒有及時、準確地將數據透過連接埠登錄到數據收集系統中，企業就不能客觀、及時地實現對該項考核指標工作紀錄的反映。該企業借助智慧型手機訂製開發了門市檢查軟體，將門市檢查標準內化至該軟體中，工作人員對照門市檢查標準逐條對連鎖門市進行工作檢查，同時將各檢查標準對應的門市得分在與店長核對的基礎上登錄資訊系統中，透過此系統實現了邊檢查邊登錄的功能。

2. 設計紀錄收集方式

為了客觀公正地反映工作的績效水準，績效指標數據的收集能夠直接收集的就直接收集，不能直接收集的創造條件進行收集，實在收集不了的本著不輕易放棄的原則，爭取收集到位，實在收集不到的指標數據就選擇放棄，能夠透過以後管理水準提升收集到的，以後再收集。

某烘焙企業區域經理的考核有幾十項指標，是不是這些指標都要進行考核呢？答案是肯定的。一個人定期到醫院進行全身體檢的話，很多不良身體指標就有可能得到預警並予以控制，這樣的話他得大病、絕症的機率就小得多。企業的績效管理也是一樣的，不是為了考核而考核，而是透過考核指標的數據檢索，發現被考核對象的不足，及時採取控制行動，以實現組織或個人業績的提升。

有時候很多檢查出來的指標只是和正常值有差異，並沒有造成疾病，但是如果不加以控制，不正常的指標就可能會越來越嚴重，最終會導致疾病的產生，等到那個時候再去進行干涉、治療已經晚了。企業管

理和身體管理是一樣的道理，只有提前將所有被考核對象的各指標數據
提取出來，才能透過自我或外部壓力作用不斷改善被考核者的抗體，最
終實現被考核者或組織業績的穩定提升。

那麼多的績效指標，所有數據都要收集的話，工作量是很大的，圖
4-3 是某烘焙企業剛推行績效數據收集時的業務圖。

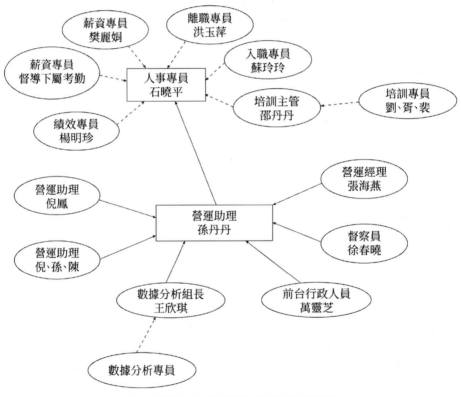

圖 4-3 某烘焙企業的績效數據收集業務圖

圖 4-3 只是部分業績指標收集時的數據傳送業務圖，涉及數據傳輸
的員工很多，如果每個考核指標都要透過圖表的形式傳送給需要的人員
的話，涉及的圖表量是很大的。這麼多員工進行數據收集，沒有直接產

出，因管理增加了大量的成本，還有可能造成數據竄改或數據交接錯誤，浪費大量的人力和物力，還有其他可能造成無法適時收集客觀工作紀錄的狀況。這個矛盾如何解決呢？唯有資訊系統方可以解決。

3. 人力資源系統訂製開發

績效指標體系中的前三個指標系統數據都是由人力資源部門提供的，如態度指標中的遲到次數、遲到分鐘數等。人力資源部門要想快速、高效地提供精確數據，沒有一個強大的人力資源資訊系統，這項工作開展是比較困難的。如何實現連鎖經營企業的人力資源系統的訂製開發呢？

一旦表單確定下來以後，就可以將涉及系統的表單以及各表單的數據關係交給 IT 部門需求工程師並與其交流和溝通，以期實現需求的明確和統一。接著就是 IT 開發工程師的開發過程了，在開發過程中可能會出現需求的少許變化，人力資源部門實際使用系統的工作人員應與開發人員保持密切的交流和溝通，保證系統開發的針對性和有效性。開發好的系統，人力資源部門要配合 IT 部門進行系統的測試，透過測試發現系統的漏洞和不足以及現實使用中可能出現的問題，不斷地測試、調整、修訂、再測試，最終實現系統的有效運轉。

態度指標中含有遲到、早退、曠職、出勤率、考勤指定時間頻率等指標，不難發現這些指標考核數據人力資源考勤系統就可以提供，企業只要訂製開發考勤系統就好了。要展現遲到、早退、曠職、出勤率幾項數據很簡單，只要考勤系統具有排班、統計功能就可以了；考勤指定時間頻率數據的出具僅僅需要在考勤系統裡設置排異時間，凡是在上班前幾分鐘或下班後幾分鐘內出現考勤作業行為者，系統自動排查出在指定

時間內的考勤號碼，一個每月結束後，考勤系統會統計在指定時間內每個考勤號碼出現考勤的次數，那麼指定時間段考勤頻率也就自然核算出來了。

　　成長指標體系包含的指標內容都是由培訓系統提供數據支援的，其表單展現形式也是考勤號碼對應著相應人員姓名以及相關培訓方面的數據。

　　團隊指標體系實際上是態度指標、成長指標的平均值另加團隊流動率考核指標組成的，就是態度指標、成長指標的人均數據。連鎖經營企業門市比較分散，如果等到門市員工到人力資源部辦理離職，團隊指標數據一定不準確，因為很多員工已經離開門市了，但是因各種原因遲遲不來辦手續，如果按照上面的操作方式就有可能得出誤導數據，為此該烘焙企業在再三研究的基礎上和 IT 部門公共開發出了門市員工線上管理系統。

4. 員工線上管理系統

　　員工線上管理系統實際上是員工檔案系統的延伸，傳統的員工檔案管理系統全部以員工入職行為、離職行為為準確定在職與離職狀態，當員工流動率不大、員工數量不是很多、工作區域比較集中的時候是比較有效的管理系統。但是連鎖經營企業比較分散，區域分布比較廣，甚至可以在全國範圍或全球範圍進行經營活動，如果按照以往的員工檔案管理方式，企業上下能夠知道企業有多少員工就已經很不容易了。

　　該企業人力資源部為了搞清楚連鎖門市人員狀況，要求連鎖門市的區域經理每周以報表形式上報門市人員資訊。雖然區域經理們非常配合，每周一次按時進行門市人員資訊的上報工作，可在一周內還是有很

大的人員變化，仍然不能解決隨時了解門市人員資訊的難題，為此企業人力資源部門與 IT 人員共同合作開發了門市員工線上管理系統來監督員工即時動態。

以門市為單位，門市店長每天在上班的時候透過此系統上報當天門市員工在職狀況，如果員工提出離職、未提前書面申請突然不來，門市可以透過此系統點擊相應按鈕上報具體職位上的具體員工狀況。新員工拿著人力資源部的報到單報到，因員工線上管理系統、員工考勤系統、員工檔案管理系統之間的數據是互相關聯的，只需要在報到門市考勤機上履行考勤作業就可以。

連鎖經營企業因業務需要出現各門市人員互相調動狀況，人員調出門市店長只需要在所屬門市員工線上管理系統上指定人員對應的考勤號碼後點擊調出，被調出人員的考勤號碼資訊就處於連鎖經營企業所有門市資訊覆蓋的狀態，被調出人員按照新人報到程序到調入門市履行報到程序就實現了調入的目的了。如果調出門市沒有在員工線上管理系統上履行員工調出作業，調入門市沒有履行調人作業，被調動員工在調入門市將無法履行出勤考勤作業，需要透過員工催促實現作業的完善。

不管是新人報到、調入員工，還是門市資深員工，門市每天都要結合自身經營狀況將所屬員工第二天出勤班次透過考勤系統進行排班，結合員工的考勤作業，一旦出現員工曠職、辭職、被開除、未提前書面申請突然離職、臨時性調班等狀況者，因未有相應的考勤作業資訊與排班資訊對應，對應的考勤號碼顯示為「紅」色，門市店長只要點擊相應考勤號碼，在每個號碼後面的相應的按鈕上點擊（如該員工辭職，就在辭職按鈕上點擊），因考勤系統、員工線上管理系統、員工檔案管理系統之間是互相關聯的，即可實現門市員工資訊上報的目的。透過門市作業，

自然將各種離職員工分類到相應的檔案模組中，一旦被列入開除檔案、未提前書面申請突然離職者，即被劃入企業黑名單範疇，企業將永遠不再僱用此類人員。

員工檔案是按照組織架構設置中所對應部門進行人員資訊登錄的，透過員工線上管理系統知道了員工離職人員數，透過檔案系統知道了原有人員數和新增人員數（每個新員工必須透過檔案系統辦理入職，不然就沒有考勤號）以及當期減少人員數，這樣員工流動率數據自然就可以直接顯示了。此數據對人力資源政策的調整也發揮非常關鍵的作用，借此企業不僅知道了門市或部門流動率，還可以知道新入職年資 7 天員工、年資 3 個月以內、年資半年以內、年資 1 年以內、年資 1 至 2 年、年資在 2 年以上的員工流動率，同樣也可以知道學歷與流動率、年齡段和流動率、職位和流動率之間的關係，為人力資源政策制定奠定了堅實的數據基礎。

員工線上管理系統還支援員工升遷、晉升申請審核功能，為了對連鎖門市充分放權以應對即時變化的人員需求（如門市某一管理人員未書面申請突然離職），門市有員工升遷、晉升申請的權利，但此系統不僅與考勤系統、員工檔案管理系統關聯，還與員工培訓管理系統關聯，如果門市申請人員不具備升遷、晉升條件，員工線上管理系統中壓根兒無法查詢到該員工的資訊，這樣不但實現了門市放權，也達到了管控的目的。

透過以上對人力資源資訊系統應用的介紹，公司各職位的公共同指標體係數據的提供基本可以滿足，大大地減少了提供數據的人員數量，同時減少了數據轉換中錯誤率的產生。企業管理沒有捷徑可走，就是在踏踏實實、一步一個腳印的不斷探索、不斷總結、不斷固化、不斷提升

中獲得發展的，一旦企業透過探索將每個職位的指標數據收集資訊系統開發出來，系統就會自行按照系統設置的規則運行，資訊系統固化的管理水準越高，企業的管理水準和效益提升越明顯。

為了對績效數據採集進行有效管理，企業應該按照考核職位設置考核專員，因每個考核職位數據收集指標的不同會有很大差異，沒有專人進行數據系統的管理與維護，很有可能會出現因系統故障、數據未及時登錄等問題，導致考核數據無法及時結轉、回饋。同時考核專員還承擔被考核職位各考核指標數據端操作人員的數據登錄的培訓、疑問解答、故障協助處理的職責。

數據回饋方式

透過月績效數據確認的方式進行回饋，在回饋周期內員工一旦出現工作問題很難即時提醒，就會影響企業管理水準和業績水準的提升。這個問題在績效管理效果提升方面是一個非常關鍵的制約因素，如果不能突破，企業管理水準提升將很難保證。透過科技方式來解決這個問題是個非常有效的途徑。

開車的朋友都有這樣的經歷，如果你的車子上有 GPS（全球定位系統），將語音打開，當車子行駛到紅綠燈或其他限速路段的時候，GPS 就會透過聲控系統給駕駛員提出預警，如「前面限速 40 公里，請減速慢行」。一個合格的駕駛員在聽到這樣的預警指示後，一般都會按照 GPS 的要求進行車輛駕駛，違規駕駛行為就會大幅度降低，減少出現交通事故的可能。同樣如果企業績效管理回饋系統能夠做到像 GPS 一樣的話，也一定會大幅度地提升管理水準和企業業績。

隨著資訊技術方式的提升，智慧化越來越成為主流，比如現在的手機越來越智慧化，透過現有的技術方式企業完全可以實現電腦端與智慧型手機移動端之間資訊共享，員工只需要在智慧型手機上登錄和電腦系統上一樣的密碼數據，便可以進入績效數據系統，透過智慧型手機實現績效數據的查詢功能。

如果績效數據是以月為單位進行數據結轉，即使透過智慧型手機實現查詢功能，實際上還是沒有實現及時回饋的功能。突破並達到 GPS 即

時提醒功能的關鍵點就是績效數據必須做到隨時結存，這屬於技術性問題，如果能夠解決，隨時提醒功能就完全能夠實現。這個技術問題隨著通訊軟體、APP（智慧型手機的第三方應用程序）技術的普及在當前已經不是問題了，也就是說完全可以實現績效數據的即時回饋。被考核人在自己的手機平臺上透過帳號登錄自己的績效數據回饋平臺就可以查詢到任何一個時間段的績效數據，比如說區域經理在 10 月 15 日想查詢前兩周的績效數據，就可以透過手機查詢 10 月 1 至 14 日期間各考核指標系統中具體指標的績效數據，這樣查詢人就可以很直觀地了解到各項指標的達成狀況，為區域經理調整自己的工作方向或行為方式奠定了堅實基礎，大大地提升了區域經理的主觀能動性，為管理水準或業績提升創造了充分條件。

智慧型手機系統不僅具備績效數據的查詢功能，還能透過平臺背後的管理軟體模組提出數據異議，這樣考核專員就可以透過績效管理數據收集系統接受投訴，同時也可以透過此系統解答異議。如果員工提出的異議屬實，考核專員在告知數據登錄後可以直接在績效收集系統中進行數據調整，同時透過此系統回復查詢結果以及予以致歉。如果員工異議查詢的數據正確，考核專員直接可以透過此系統回復員工異議，並加以查詢過程說明，以提醒員工用正確的態度面對績效管理並給予鼓勵，如「XX 先生您好，您提出的關於 XX 指標數據的異議，本人已經透過原始數據查詢，其數據登錄完全正確，如果您仍有異議可以直接到人力資源部門查詢數據原始表單，給您帶來麻煩望您能夠予以諒解，同時也希望您能夠再接再厲爭取業績提升，謝謝」。這樣就既實現了數據及時回饋功能，又為數據調整的及時性、有效性奠定了技術基礎。

管理水準伴隨科技進步會越來越先進與發達，只要保持一顆年輕的心，不斷探索、不斷鑽研，會有越來越多的管理工具應運而生，同時企業也會因管理工具的誕生受益匪淺。

績效標準值的訂定

績效考評是個很重要的環節，沒有考評就很難實現對員工或組織的針對性激勵，很難實現員工的差異性管理。考評應該有評價的標準，透過指標制定技術已經實現了績效指標的開發與確定，透過數據收集方法與技術介紹也實現了員工客觀績效數據的收集，那如何進行考核呢？企業又以什麼為標準對員工或組織考核呢？

1. 要明確考核的意圖

企業透過績效考核主要是為員工評優、員工薪資或獎金調整、員工升遷或淘汰提供客觀數據參考。每年年底的時候企業會做年度優秀員工或組織的評選工作，以期實現對員工或組織的激勵。可是很多企業在實施中不但很難實現對員工或組織的激勵，而且打擊員工工作積極性的情形時有發生。因為真正優秀的沒有被評選上，大家不怎麼認可的人或組織卻赫然在列。這造成了很多組織或員工對評優工作的不滿，其核心原因是不能展現公平與公正。

工資調整也一樣，雖然有標準薪資等級表，但是在薪資升遷方面因沒有客觀的數據支援不得不採取比較折中的方式。如薪資調整政策總是含糊、總是採取保密方式。這樣做不但沒有透過薪資調整達到員工激勵的目的，反而給員工造成黑箱操作的嫌疑，大大打擊了員工工作積極性。企業為什麼不可以高調地告訴所有員工 XX 先生或小姐應該增加 XX 薪資呢？

內部員工職位升遷和員工晉升更是如此，有的企業為了規避內部的矛盾直接放棄內部員工的升遷，所有管理職位或技術職位全部都透過市場引進，結果市場上徵才的員工並不像企業所期望的那麼優秀，企業內部員工因提升通道被占，而將不滿直接轉嫁到新入職的員工身上，無形中造成新資深員工的對立與矛盾。

企業對不滿意的員工解聘因沒有考評數據支援，只能採取強制性單方面解除勞務契約的方式進行，因此引發的勞資糾紛比比皆是，最終因沒有合理理由解除勞動關係而承擔賠償責任。

為了解決以上問題，企業首先就要明確以什麼樣的意圖進行員工或組織的考核工作，意圖不同，考核模式完全不一樣。

2. 按照考核意圖確定考核方式

按照前面的指標設置方法已經明確了各職位或組織的具體考核指標，但各考核指標的權重不同會導致不同的考核結果。

(1) 滿足薪資和獎金激勵的考核意圖

利益分配一般都會涉及業績評定，如滿足薪資和獎金激勵的考核意圖，企業主要透過員工或組織的業績評定來實現。考核方面將涉及員工業績的考核指標強化，反映在權重方面即業績指標權重高於其他考核指標。

設置考核指標的權重是一個大問題，處理不好可能會造成員工的不滿，最終影響員工的工作積極性。考核指標權重設置一定要邀請被考核職位的優秀員工代表、被考核人的直接主管參與，被考核人職位績效考核專員負責組織參加會議。

　　會議一般由被考核對象的考核專員組織，首先進行考核指標權重的解說以及設置方法的專業培訓，具體方法是在考核指標內涵梳理的基礎上由會議參與人按照自己對指標重要程度的理解將 100 分分配到各考核指標中。考核專員收集各會議參與人設置的各考核指標權重數並統計到權重設置表單中。如表 4-1 所示：

表 4-1 會議參與人分配的考核指標分數表單位：分

參與人	指標 1	指標 2	指標 3	指標 4	指標 5	合計
參與人一	20	20	20	20	20	100
參與人二	10	30	25	25	10	100
參與人三	10	20	30	30	10	100
參與人四	10	25	25	25	15	100

　　考核專員將此表單公布給所有會議參與人，並按照指標平均數的方式確定各考核指標的權重。

指標 1 權重數

＝Σ 所有會議參與人指標 1 的權重數／總分值

＝（20 ＋ 10 ＋ 10 ＋ 10）／ 400 ＝ 12.5%

　　透過以上方法就可以確定各考核職位或組織的每一項考核指標權重數值。考核指標權重的設置是為了凸顯各指標在員工或組織考核中的重要性，按照確定的權重對各員工或組織進行績效分數核算反映了員工或組織業績水準狀況，這樣就滿足了員工工資調整或獎金核算掛鉤的考核意圖。

(2) 滿足職位升遷的考核意圖

一個員工能否得到升遷，業績表現是前提，但如果僅僅以業績作為職位升遷的標準，很有可能使企業過度業績化，而使企業對業績以外的環節關注過少，給企業未來發展造成致命損傷。企業除了關注員工的業績外還應該在什麼方面進行考察呢？

很多企業都有一個不好的現象，業績好的員工反而成為同事們排擠的對象，這固然有其他員工的妒忌心理在作怪，但同樣和業績突出者的言行有很大關係，如果自認業績突出就目中無人，這樣的人是絕對不適合升遷為企業管理人員的。哪類員工比較受企業族群歡迎呢？不是那種透過自己另類表現顯示自己與眾不同的員工，而是那種業績表現優良還能恪守公司規章制度、控制自己行為舉止、綜合表現優良的員工。企業可大膽地嘗試一種考核模式 —— 所有指標不設權重，意味著所有考核指標都是同等重要的考核模式，凡是此考核評價得分較高者一定代表著此員工綜合表現較好，那麼結合該員工業績考核決定升遷，其具體操作方式如表 4-2 所示。

企業透過業績考核對員工個人或組織進產業績考核並按照考核得分從高向低取前 1/3 的人選，然後將透過業績考核取出的 1/3 的人選按照綜合考評得分的順序進行再一次排序，排在第一名的就是企業優先選擇升遷的人選。透過此種方式對員工職位升遷進行決策，大大地提高了內部升遷的成功率。

表 4-2 區域經理考核綜合（業績）考核一覽表

指標體系	指標名稱	指標分數	指標權重
態度指標	每月遲到的次數	10	
	每月遲到的累計時間	10	
	每月早退的次數	10	
	每月早退的累計時間	10	
	出勤率	10	
	每月加班時間與出勤時間比	10	
	每月曠職的天數	10	
	每月公共活動出勤比	10	
	每月指定時間內考勤頻率	10	
指標體系	指標名稱	指標分數	指標權重
成長指標	參加培訓出勤率	10	
	參加培訓遲到次數	10	
	參加培訓遲到分鐘	10	
	課題培訓合格率	10	
	課題培訓一次合格率	10	
指標體系	指標名稱	指標分數	指標權重
團隊指標	下屬員工流失率	10	
	下屬員工人均每月遲到的次數	10	

指標體系	指標名稱	指標分數	指標權重
團隊指標	下屬員工人均每月遲到的累計時間	10	
	下屬員工人均每月早退的次數	10	
	下屬員工人均每月早退的累計時間	10	
	下屬員工人均出勤率	10	
	下屬員工人均每月加班時間與出勤時間比	10	
	下屬員工人均每月曠職的天數	10	
	下屬員工人均每月公共活動出勤比	10	
	下屬員工人均每月指定時間內考勤頻率	10	
	下屬員工人均參加培訓出勤率	10	
	下屬員工人均參加培訓遲到次數	10	
	下屬員工人均參加培訓遲到分鐘	10	
	下屬員工人均課題培訓合格率	10	
	下屬員工人均課題培訓一次合格率	10	
	下屬員工技能達標比	10	
指標體系	指標名稱	指標分數	指標權重
業績指標	來客數增加數	10	
	銷售額	10	
	來客數的轉化率	10	
	門市費用控制率	10	

	服務性投訴次數	10	
	巡店符合率	10	
	在店時間與在途時間比	10	
	區域門市檢查平均得分	10	
	區域門市過期商品繼續銷售次數	10	
業績指標	門市打烊月平均不良事件數	10	
	門市月平均人事系統操作不良次數	10	
	管理門市月平均未在系統上傳進貨作業次數	10	
	區域經理管理門市月平均未在系統上傳盤查作業次數	10	
	區域經理管理門市月平均退貨帳務不符作業金額	10	
	月平均銷售數據系統修改次數	10	

(3) 滿足員工評優的考核意圖

年度優秀評選包括優秀員工、優秀管理人員、優秀部門等，年度優秀評選活動一般會設置限制性條件，比如年度事假不得超過多少天，業績不得低於多少等，對於年度優秀評選，業績是一個非常關鍵的影響因素，但不是決定性因素。一般較好的選擇是對組織或個人的綜合評價，企業透過員工或組織的綜合評價確定優秀員工或組織的後備人選，透過業績評定的結果順序進一步篩選優秀人員。

某烘焙企業員工年度綜合考評在 80 分以上者有資格進行優秀員工的評選，但綜合考評在 80 分以上的員工數或組織數與企業設定的優秀數量標準不一定相符，該公司按照員工或組織業績評價的順序將綜合考評在 80 分以上的候選對象排序，按業績從高向低的順序確定企業的優秀人選

直至達到企業設定的優秀名額為止。如果按照企業設定的評優標準選取優秀數量低於企業設定的優秀名額，按照企業設定的評優標準選取優秀數量即可。透過綜合考核結合業績考核的方式，確定的組織或個人按照企業設定的排除性條件篩查（如在企業的實際年資不得低於兩年等），如果出現優秀後備人選不符合優秀的強制性規定的現象，將按照業績順序向下繼續進行篩選，這樣評優工作就變得非常客觀與公正，真正展現優秀。

3. 確定考核標準值

考核指標的標準值遵循可以年增長率的按照年增長率、沒有年增長率條件的按照現在和過去比較的原則來確定。如態度指標中的相關指標，企業中所有員工都應該遵守公司相關制度或執行中的工作安排，所有人的參照標準是統一的，企業就可以按照所有同職位員工在執行制度或工作安排方面達到水準的平均值確定該項考核指標的標準值。

(1) 區域經理遲到次數指標

區域經理遲到次數指標比較適合用年增長率的原則確定指標標準值，指標只受本人工作態度的影響，其他影響因素作用較小。不像門市流動率指標，它受到的影響因素就比較多，除了受到企業內諸多因素的作用，還受到門市外圍用人環境、門市所處商圈、國家政策等宏觀環境的影響。

圖 4-4 為某企業所有區域經理 8 月份月遲到次數指標的實際指標數據值，透過此圖很直觀地看到各區域經理在該月份實際遲到的次數以及所有區域經理平均遲到次數，此圖中橫線指向的是該月平均次數值，企業可以將此平均此數值作為區域經理職位該月此指標的考核指標標準

值。可能有的讀者會有這樣的疑問：同樣的考核指標每月的標準值可能不一樣，這樣會不會不利於績效考核工作的開展，同時每個月以區域總經理該項指標的實際數據的平均值作為標準值，區域總經理會不會故意散漫而致使平均數據的提升，不但沒有透過績效管理提升管理水準，反而導致管理水準下降？

　　每個月區域經理某項考核指標的數據平均值變化是區域總經理在該項指標管理效果的最佳反映，如果連續幾個月區域經理的遲到次數指標數據平均數處於向下的趨勢，那證明區域總經理在該項指標管控的效果上在提升，反之證明此項工作開展處於倒退狀態。

(2) 門市流動率考核指標

　　門市流動率考核指標是綜合作用的結果，如果企業仍然按照各門市的平均流動率作為標準值顯然不合適。許多企業在數據統計的基礎上依據此設定原則並結合主觀判斷確定了一個理想的標準值，並透過考核制度規定流動率凡低於此理想標準值者予以獎勵，凡是高於此理想標準值予以處罰。

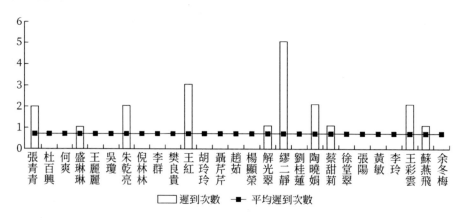

圖 4-4 某企業區域經理 8 月份遲到次數數據分析

　　某餐飲連鎖企業員工流動率指標管控就接受過類似的教訓，當時某門市月流動率統計結果處於 10% 左右，人力資源部和門市管理人員共同協商確定了本店每月流動率控制在 6% 以內，並制定了相應的獎懲辦法，執行的結果不盡如人意，不但該門市員工流動率沒有下降，反而門市店長因不具備降低員工流動率技能及其思想上的對抗導致其辭職了。

　　企業本想透過績效考核提升員工工作積極性的，結果呢？不但沒有將積極性提升，反而給企業造成那麼大損失，可謂得不償失。

　　那麼對於此類考核指標標準值如何確定呢？此指標還受到很多企業未知因素的影響，如果企業想透過影響因素分析推算每個門市每月的流失標準，透過現有的數理分析技術不是不可能，但是在這樣一個績效考核指標上花費那麼多的精力和成本也完全沒有必要，但對標準值的確定對考核開展來說又那麼關鍵，沒有指標值企業如何進行考核呢？

　　還是以門市流動率指標為例，既然沒有必要花那麼多精力進行數據分析，索性就不進行數據分析了，對於此類指標一律按照自己當下與上月相比較，即本月門市流動率與上個月門市流動率進行對比，確定流動率差異比例，如果流動率控制比例為負數，在外圍大環境基本一致的情況下證明員工流失管控效果較為明顯；如果流動率控制比例為正數，證明門市員工流動率管控很差；如果流動率控制比例為 0，證明門市員工流失管控方面沒有起色。

> **各門市流動率控制比例**
> ＝（門市期末流動率－門市期初流動率）／門市期初流動率

　　連鎖門市所處的外圍環境是有些許差異的，但環境對所有門市的作用大部分是一致的，為此完全可以將流動率標準值依據各門市流動率控

制比例進行轉化。為了方便確定考核指標標準，透過縱向比較可以確定
各門市流動率控制比例（見圖4-5），但不同門市有不同的門市流動率控
制比例數據，企業可以以門市流動率控制比例平均值作為衡量門市員工
流失管控效果的標準值。

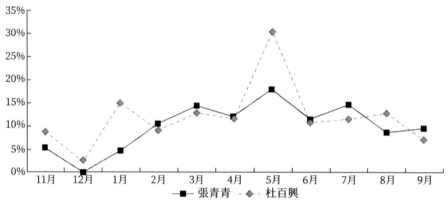

圖 4-5 張青青、杜百興區域流動率數據對比分析

門市流動率控制平均比例＝ Σ 各門市流動率控制比例／門市數門市
流動率控制比例凡是高於門市流動率控制平均比例者，即間接證明流失
管控效果較差，反之流動率管控的效果比較顯著（見圖4-6）。

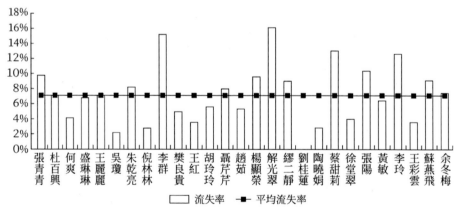

圖 4-6 區域經理 9 月區域流失控制率數據分析

(3) 門市銷售額指標

　　企業中的門市銷售額、門市費用控制率兩項考核指標涉及連鎖經營成果，對於此類考核指標企業就不能單純按照橫比或現在和過去比較原則確定標準值。為了提升門市對業績管控的重視，最好每天能夠進行日銷售額完成率，如門市費用率的回饋，以期提升經營管理人員的重視度。

　　就這兩項指標來說，銷售額的推算是最難的工作，因為銷售額的變化是一個綜合因素作用的結果，即使是第一天推算第二天的銷售任務數據都很難保證數據的準確性，如果像很多企業採取年度預算的方式，數據基本不具備任何的參照性。

　　對於快速消費品連鎖經營企業來說，因為涉及貨品的鋪貨問題，必須進行銷售量的精準推算，不然就會因鋪貨量不足而造成貨品可賣量較低，或因貨品量超出販售量而導致產品過期給企業造成期間損失。

　　烘焙企業就屬於此種類型，為了解決上面的問題必須進行精準的銷售預測並透過預測值進行店面鋪貨和店面考核。

　　某烘焙企業有一個數據分析組織，他們進行日銷售額、日天氣狀況、日溫度、日市政建立、日客流量、年增長率銷售額、環比銷售額、顧客轉化率、各銷售單品日銷售量、產品單價、新品上市情況等數據的收集與分析，運用數理分析工具建立數據模型並將函數寫到門市銷售額預算軟體中，透過此軟體在已知第二天相關變量（天氣狀況等）或推算數據的基礎上進行銷售額的預算，同時此軟體與供應鏈部門中計劃模組和人力資源部中績效管理的軟體接洽，這樣為門市鋪貨和門市銷售額日考核提供了堅實的數據基礎。該企業人力資源部在 IT 部門的支援下將門市的 POS 收銀系統與門市銷售額推算軟體、績效管理數據收集系統接

洽，這樣績效數據收集系統就可以直接實現門市銷售額日完成率數據的收集，並透過績效回饋平臺實現被考核人銷售完成率的即時回饋，大大地加大了門市管理人員銷售壓力，為門市銷售額的提升起了非常重要的作用。

　　非快速消費品類連鎖經營企業相對於快速消費品類企業精準鋪貨壓力較小，雖沒有像快速消費品類企業那樣要求精確地進行銷售預測，但店面經營的壓力卻不亞於快速消費品類企業，如何透過績效管理提升此類企業銷售額呢？

　　連鎖經營企業門市經營環境各不相同，銷售產出也大相徑庭，為了更加精確地對旗下連鎖門市進行管理，企業一般會主要根據門市實際銷售額將其門市分級，針對不同的級別門市投資不同的資源，設置不等的銷售任務，同樣也享受不等的薪資待遇，這樣才會激發店面管理人員積極地投身於門市的經營管理工作。收入的巨大差異帶來強激勵，店長都會有積極提升銷售額、爭取門市店面晉升的動力，這樣規避了連鎖經營企業門市因設置銷售任務致使相關員工情緒不悅的局面。

　　某連鎖經營企業將門市分為不同級別，不同級別的店面店長享受不同的固定工資和績效工資，不同店級門市店長按照銷售任務完成率享受本店級不同完成率對應的績效工資。

> 店長實際工資＝（店級固定工資＋完成率 X 店級績效工資）X 門市考核
> 　係數門市考核係數＝門市實際考核得分／連鎖門市平均考核得分

　　門市考核類似本書業績考評模式。

　　此企業為了激勵店長勇擔銷售任務在薪資設計和店面升降級機制上進行了科學的推理，在門市實際銷售額不變的狀況下，上一級別門市店長薪資會略高於次級別店面（見表 4-3）。

表 4-3 店長等級及其固定工資表

職位	店面等級	固定工資（含基本工資）（元／月）
店長	C	2,300
	B3	2,700
	B2	2,900
	B1	3,400
	A2	3,600
	A1	4,200
	旗艦店	4,600

　　店面店級按照門市實際業績完成率核定，季度平均業績完成率決定下個季度門市店級，不同店級店長對應不同店級固定工資及業績工資，如 B2 級店季度平均業績完成達 80% 以上者，次季度享受 B1 級固定工資與業績工資，同時對應 B1 級店級任務。

　　季度業績完成率低於 60% 者，次季度店級下降 1 級，如 B1 級店下降到 B2 級，工資對應者 B2 級固定工資及業績工資，但次季度任務仍保持 B1 級店級任務標準直至完成率達 60% 以上恢復至 B1 級店級固定工資及業績工資標準（見表 4-4）。

表 4-4 店面店級與門市實際業績完成率及獎勵標準

獎勵標準 ＼ 完成率	任務（萬元）	≧50%	≧60%	≧70%	≧80%	≧90%	100%	>100%
C	12	800	1,200	1,600	1,800	2,200	2,400	＋1.2%
B3	22	600	1,200	1,800	2,100	2,700	3,000	
B2	26	700	1,300	1,900	2,200	2,800	3,100	
B1	32	900	1,500	2,100	2,400	3,000	3,300	
A2	34	1,000	1,600	2,200	2,500	3,100	3,400	
A1	40	1,500	2,100	2,700	3,000	3,600	3,900	
旗艦店	80	2,750	3,300	3,850	4,400	4,950	5,500	

　　透過店面店級滾動提升模式比較符合事物循序漸進的發展規律，透過店面店長主觀能動性的提升，連鎖經營企業銷售總任務也漸進式地提升起來，該公司透過滾動日銷售總額占每月銷售比例日回饋於門市店長，以促進門市管理人員提升銷售額的動力。

　　如果不是快速消費品、規模也不是很大的連鎖經營企業，無論是在管理水準，還是工作必要性上沒有必要進行精細的推算，也推算不準，那麼該類連鎖經營企業如何進行銷售額的考核呢？建議企業一律按照銷售額的一定比例作為績效工資或年度獎核算基數，這樣銷售人員為了自己的收益一般都會努力提升銷售額。企業考核的目的就是提升員工或組織的績效，往往最簡單的激勵方式反而最有效。

　　透過直接提成的方式推算了績效工資或年度獎核算基數，透過其他考核指標對該員工或組織進行考核確定係數，那麼員工的最終績效工資或年度獎核算額就是績效工資或年度獎核算基數和係數的乘積，這樣既

透過考核提升了積極性，也避免了企業糾結於確定完全不可能精確推算的銷售額標準值中。

為了激勵銷售人員強化銷售意識，提升銷售業績，企業最好透過看板管理的模式來進行管理，即每個銷售人員每天的銷售額上牆，這樣所有銷售人員就能非常直觀地看到各銷售人員的業績狀況，也明確了自己在銷售排名中的位置，所有人都不甘於示弱，那麼整個銷售團隊的競爭環境將不斷過關斬將、業績飆升。

(4) 費用控制率考核指標

費用控制率考核指標作為連鎖企業經營業績關鍵性的指標，同樣不建議簡單地使用橫比或現在和過去比較的原則確定考核指標的標準值，因為企業利潤來源於銷售額與費用之間的差額，如果你的企業在費用控制上乏力的話，企業可能在銷售上很有作為，但最終企業卻不贏利甚至有虧本的可能。

連鎖企業每天要透過 POS 收銀系統收集到銷售額的數據，但是門市為了正常經營肯定要消耗掉相應的費用，理論上說如果企業長期收集各門市銷售額和費用並分析就可以非常精確地推算出各門市每產生 1 萬元的銷售額會有多少額度的費用。

某烘焙企業為了配合考核需要將供應鏈部門的倉庫管理系統與人力資源部中績效數據收集系統連結，這樣每個門市的物品領用情況就可以透過系統直觀地顯示了，為了管控門市領用物品，企業每個月都會對門市領用物品使用情況進行盤存，透過倉庫系統物質領用數據（倉庫管理系統上物品單價是有標注的）及物品盤存情況就很容易核算出每個月每個店實際產生的費用額度（除去店面不可控的店面租金、稅收、排汙費

等費用）。每個月銷售數據與費用使用數據的比對，剔除價格指數影響因素，就可以直接推算出每個門市費用占銷售額的比例。企業透過已知的費用銷售比，門市月銷售額數據一旦結算，透過此比例關係就很容易核算出門市該月費用總額的定額標準。

門市費用定額
＝門市銷售額 × 門市費用銷售比
費用控制率
＝門市每月實際發生費用總額／門市該每月費用總額定額 ×100%

透過此公式核算出每個門市每月費用控制率的數據。為了方便核算，此烘焙企業將公式寫到績效數據收集系統中，POS 系統數據一旦上傳，透過上面的公式就可以直接推算出門市費用定額，企業僅需要將當月某一家門市實際發生費用（剔除不可控的費用部分）直接輸入系統就可以透過系統直接顯示每家門市費用控制率的數據了，數據越低證明控制得越好。其具體考核方式將每家門市費用控制率數據進行橫比，把推算費用控制率平均數作為費用控制率指標的標準值，各門市按照實際費用率數據與標準值進行對比，高於標準值的減分、低於標準值的加分，透過此考核模式促使各門市在費用定額內進一步進行費用的管控，提升費用控制方面的管理水準（見圖4-7）。

連鎖企業各門市的實際情況差異很大，有的門市不只是處於不同的商圈，就連城市都有可能不是同一城市，所有門市按照統一比例進行費用定額的制度是不科學的，每個門市必須進行詳實的推算才能在實際管控中發揮效果。

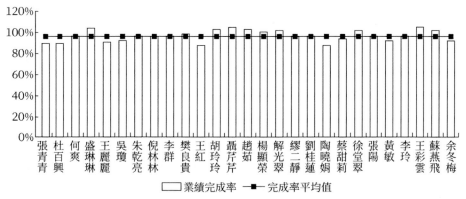

圖 4-7 8 月區域經理費用控制率數據分析

績效考核管控

　　明確了考核指標的開發與設定、績效數據的收集管道建立、績效標準值設置的方法與技巧，離科學的績效考評還有距離。要做好在職員工工作的科學考評，除了以上績效環節控制點的控制以外，企業還要開發科學的考核軟體實現組織或員工個人考核的自動核算，不然很難保證考核的客觀與公正。傳統的績效考評模式基本上都以直屬主管對下屬考評為主，也有其他考核模式，不管什麼模式都有一個關鍵的障礙點需要攻克，那就是考評人如何克服礙於情面因素，不好意思實施。企業中主管對下屬考評實際上是有心理負擔的，一般人都不願意得罪人，如果這些心理問題不解決，企業不管是推行何種考核模式都很難實現客觀與公正。為此筆者在經過周密的思考之後，總結經驗，大膽地提出一種新的考核模式，那就是不用被考核人直屬主管或其他關係人對其考核，員工個人或組織考核全部透過績效考核軟體實現自動核算，這樣上面各種心理問題就徹底解決了，為此筆者特在本節詳細介紹操作細節，望能給讀者帶來一些啟發。

　　透過績效管理模組已經實現了考核指標的科學開發與確定；透過績效收集系統實現了各考核數據的收集與整理；透過考核指標標準值確定方法確定了每一個考核指標的標準值。如果能夠透過函數來設置就可以實現每一個考核指標的考核得分，所有指標在考核得分與相應權重乘積的和就應該是員工個人或組織的考核得分。為了更好地解說此方法，以

某烘焙企業區域經理態度指標中的遲到分鐘為例解說函數設置及軟體開發（見圖4-8）。

(單位：分鐘)

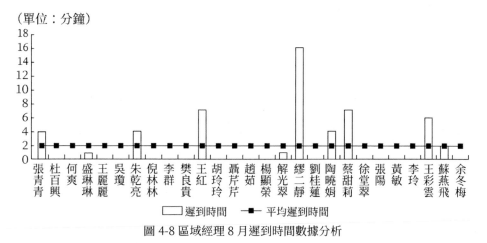

圖 4-8 區域經理 8 月遲到時間數據分析

透過上圖可直觀地看出區域經理遲到分鐘最高值為 16 分鐘、遲到分鐘最低值為 0 分鐘、遲到分鐘平均值為 2 分鐘。

員工績效綜合考評情況各考核指標分值都設置為同樣分值 10 分，假如該考核指標的標準值設置為 7 分（一般認為員工水準達到族群平均水準就為合格員工），那麼最高值 16 分鐘就為 0 分、最低值 0 分鐘為 10 分，知道以上變量後，每一個區域經理實際遲到分鐘是多少就可以直接核算出指標得分了。

某員工或組織該指標考核得分＝某員工或組織該指標實際值×（最高分數－平均值設定分數）／（最大值－平均值）。

例如上圖中的區域經理王紅，其 8 月總共遲到分鐘為 7 分鐘，那麼按照上面公式核算該項得分＝ 7 分鐘×（10 － 7）／（16 分鐘－ 2 分鐘）＝ 1.5（分鐘）。

以上方法可以實現員工或組織考核得分的自動結算，為此該企業人

力資源部與 IT 部門合作在績效管理系統中透過核算公式內化的形式開發績效考評自動核算軟體，此軟體是與績效數據收集系統數據庫互相連結的，並透過軟體可以實現每個考核指標最高值、最低值、指標數據平均值，這樣每個人實際指標數據就直接對應一個考核得分。

此案例是最高值分數設置最低的一種考核指標，而有的考核指標核算方式和此指標相反，那麼在開發系統的時候應將每個考核指標設置核算方式選擇窗口，透過考核專員確定每一項考核指標的考核分數的核算方式，那麼每個被考核人或組織各項考核指標數據（被考核人確認）進入考核軟體的時候，就可以實現每一項考核指標分數的核算。其具體的核算公式為：

員工或組織綜合考核得分＝100×Σ 各項考核指標得分／Σ 各項考核指標總分員工或組織業績考核得分＝Σ 各項考核指標得分 × 權重／Σ 各項考核指標總分此考核模式能否最終達到績效管理的效果，指標的設置、指標收集管道的建立、指標標準值的確定是關鍵，考核專員按照本書介紹的內容逐環節進行管控，同時在系統的支援下進行績效數據收集管控與回饋，能夠提升員工或組織的工作績效水準。在科學的考評基礎上實現對被考核人的客觀、公正的評價，為員工或組織的激勵奠定數據基礎。

第五章
人才接替管控

連鎖經營企業中最核心，也是最難以實現的就是服務的標準化。其中服務執行人對於標準的理解與拿捏是否統一也是關鍵。為了從根本上實現連鎖企業服務標準的統一化，作為連鎖門市中的管理人員和門市中產品製作的技術人員的素養標準化更為關鍵。

員工升遷

不同的企業其職位分類及職位升遷管道建立的方式可能不一樣。

1. 明確職位分類和升遷管道規劃

員工升遷的首要工作是要根據企業情況明確職位的分類與職位升遷管道的規劃與建立，這樣內部員工升遷才會有標準與方向（見圖 5-1）。

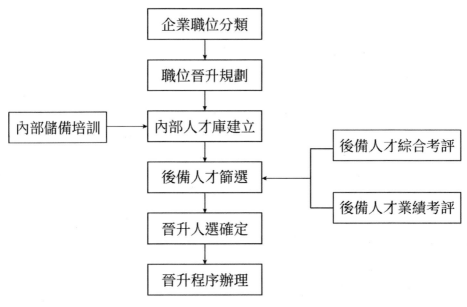

圖 5-1 職位分類與升遷管道規劃

2. 明確職位升遷的管控要求

不同的企業此標準也會有一定差異，不管什麼標準，筆者認為如果一個即將被提升的員工不具備待升遷職位所具備的知識與技能，而單純使用拔苗助長的方式「火箭」提升的話，不但對企業不負責任，對員工本人同樣也是極為不負責任的。就員工素養提升方面的管控，隨著儲備培訓模組的建立與管控，企業內部人才庫的數量和品質會越來越高，最終為內部人才升遷創造非常有利的條件。

3. 人才庫人才績效考評

企業按照員工的業績考核確定了各職位人才庫中人才的業績考核數據並透過排序功能實現鎖定業績排名前 1/3 的後備人才人選；然後將職位人才庫中的人才，按照綜合考評模式對其後備人才人選進行綜合考核，並對後備人才人選按照綜合考核結果排名。排名第一者就是職位升遷的最佳人選。

4. 升遷人選的最後確定

透過上面的步驟基本上可以確定了升遷人選，但是有可能最佳升遷人選因個人原因不願意升遷或升遷職位直屬主管就最佳人選有充分理由證明擬升遷人選不適合升遷職位的工作，可以按照綜合考核結果排序順序重新確定人選並辦理職位升遷手續。

技術員工晉升

　　連鎖經營企業中職位升遷管控實現了管理人員素養管控，對於保障管理人員執行企業標準或政策的統一，對於有形的服務提升發揮了非常關鍵的作用。除了對產品品質管理的相關要求外，製作產品的技術人員的技術水準是根本性問題，企業唯有實現技術人員的技術管控才能最終保證產品品質的統一，滿足連鎖經營企業的標準化管理的要求。

　　技術管控的首要任務是技術等級規劃，不同企業技術等級規劃參照的標準不同，比如在某大型製造企業，其維修工的技術等級規劃主要參照企業設備維修故障點進行的，同樣有的企業可能是參照產品製作要求進行。如果你的企業想透過員工技術等級的晉升管理實現技術水準提升，技術等級規劃是首先要解決的問題。如烘焙業，其產業性質決定部分產品必須在門市製作，比如說生日蛋糕，為了提升企業技術管理水準，企業將製作產品的技術人員分為學徒、技師一級到技師五級六個技術級別，不同技術級別和產品製作的品類掛鉤，最高級別的技師除了會製作產品還要能夠開發產品，並且開發的新產品上市總銷售額不得低於企業年度銷售額的一定比例，同樣新產品開發也有開發數量及自己的技術轉化方面的要求。

　　對技術晉升標準的制定，企業應從技術晉升所需要的知識結構、技能結構、工作成果幾個方面來進行。知識結構主要包括公司知識、產業知識、專業知識三個部分，透過這三個部分企業很容易找到技術職位不

同技術水準要求的知識內容，作為培訓的基礎與依據。技能結構主要包括操作技能、創新技能、交際技能三種，這三種技能方向也是企業尋找技術職位不同技術水準要求的技能方向。而工作結果不等同於績效考評的結果，如前面所講的外資生產企業中的維修工案例，就有結果性的要求，即維修工就故障點維修後再一次維修的時間間隔，間隔時間越長代表維修工的維修技能水準越好，反之認為比較差。企業透過知識與技能分析開發出每個技術等級的培訓課題與培訓內容，按照連鎖經營企業在職員工素養提升管控的內容組織培訓與管控，培訓合格者即可以申請不同技術等級的技能鑑定，其合格並在結果保障的基礎上可以享受相應技術等級的待遇及福利。具體流程如圖 5-2 所示。

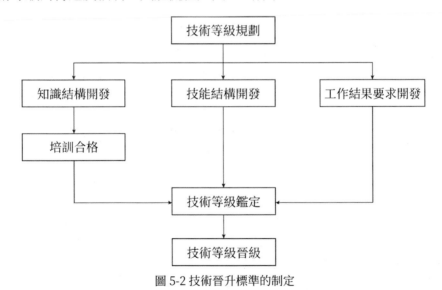

圖 5-2 技術晉升標準的制定

透過圖 5-2 可以看到技術職位等級晉升的標準與程序，其管控的關鍵點為不同技術等級知識結構、技能結構與工作結果的開發，不同產業不同的技術職位其具體的知識、技能、結果要求完全不同，必須立足於自己企

業以解決實際問題為根本，在資深專家的協助下進行針對性開發。

技術等級評定工作一般是由人力資源部門組織，技術職位所在部門負責人參與、公司主管指導的一項技術考評工作，此項工作的核心就是保證公平與公正。為此首先應組織技術評定小組，其小組成員一般由企業中某類技術職位頂級技術水準的內部專家擔任組長，其專家組成員一般由 3 至 5 名專家組成。很多企業一般會請產業內技術專家作為企業內部技能評定小組的名譽組長，對公司員工技能評定小組工作進行現場觀摩和技術指導。

技術等級評定小組成立後，緊接著進行技術職位技術評價方法的設計與測試，同樣不同企業中不同技術職位其技術評價方法也是完全不一樣的。

某烘焙企業蛋糕製作的裱花師技術評價，企業就按照評價級別的不同要求在規定時間內製作某款蛋糕作為技術評定的方法。

評價方式：在規定的時間內用指定原料製作不同技術等級要求的特定產品，凡是在規定時間沒有做完者本次技術評價即為失敗。

評價標準：產品的高度、直徑、平整度、重量、相似度等與評價專家製作產品之間的差異。差異度越小技術水準越高。

評價流程：每個待評價人員現場隨機分發一個編號，在產品製作室製作好產品後將自己的編號貼到產品的包裝上並透過人力資源工作人員送到評價小組成員所在地進行技術評價，評價過程中所有參與技術評價人員一律不得透過任何交流工具進行交流，杜絕技術評價中作弊的可能與嫌疑。

評價工具：度量高度、直徑、重量、平整度的直尺、臺秤、水平儀，以及衡量產品相似度的數位相機、電腦及電腦中專家製作的產品的圖

片、核定產品項似度的辨識軟體。

評價結果：透過度量工具將參與評價的技術人員製作的產品數據按照編號手工填寫到相應表單中，同時與專家製作的產品進行比對，符合率在公司技術標準要求以上者即技術評價結果有效，符合率低於標準者此次評價結束。不管符合率情況如何，人力資源部門都會將其製作產品數據結果登錄編號指定人的數據庫中，透過軟體中技術標準參數，系統會自動篩查符合率人選。

技術等級評定中工作結果的要求是非常關鍵的環節，這裡的工作結果與績效管理中的工作結果是有本質區別的。對於技術等級評定的工作結果一般能夠反映技術水準的工作結果，而績效管理中的工作結果是員工個人或組織工作的所有結果，這就意味著技術評定中涉及的工作結果有可能是績效管理涉及的工作結果的一部分。

結果的衡量一定要能夠展現技術人員的技術水準，某烘焙企業就有一個門市檢查組織，他們會定期到連鎖門市就產品製作情況進行檢查。雖然按照員工技能等級評定的時候可以篩選出某些員工達到某級別技術水準，但技術人員在日常工作中因責任心的問題，可能製作產品時吊兒郎當、對產品品質不加以重視，做出來的產品和其技術水準有很大差異。

為了保證技能評定能夠提升並保持產品製作的水準，透過門市檢查組織對成品品質進行督查，並根據產品標準對每次督查予以打分並直接透過手機平臺上傳到指定技術人員的數據庫中，連續 3 個月其產品檢查品質得分不低於 95 分，同時又通過了技術等級評定標準者，系統會自動將其技術水準晉升到技術評定標準確定的級別，享受新技術級別的薪資與福利待遇。取得新級別技術水準的員工在未來每個月產品品質檢查中

得分同樣也不能低於 95 分，一旦低於此設定分數，連續 3 個月或年度累計 6 個月者，此員工技術等級自動下降一個級別，以此類推直至下降到最低級。

對工作結果的要求，不同產業中不同技術職位有很大區別，一定要將其作為技術評定的一個重要參考因素，不然很有可能出現技術水準平均狀況優良、企業效益很差的現象。

人才接替

　　企業管理幹部是帶領隊伍進行企業或部門創造業績的關鍵人員，為了激發企業管理人員工作熱情，企業一般透過對其業績考核鞭策其不斷進產業績創造。如果管理人員表現不佳，企業不得不進行人才的調整，不然給企業造成的損失有可能非常嚴重；如果管理級別較高，很可能直接導致企業的倒閉。那企業如何保障人才管理的客觀與公正呢？

　　某烘焙企業為了保證企業經營業績，須對企業中各級管理人員進產業績考核，為了保證考核的公平性，自己訂製開發了對員工進行考核的軟體，並按照考核分數排序，為了滿足透過考核實現淘汰率的目的，還在系統中設置業績倒數員工的自動提醒功能，被考核者透過電腦端或手機移動端接收提醒資訊，如「XX 先生，您在 XX 每月業績考核中考核分數為 XX 分，系此職位中倒數第 XX 名，提醒您下月努力」。被考核者在被考評前透過考核數據確認已經實現了考核回饋功能，對於被列入提醒名單的被考核者透過此種方式又一次得到考核回饋，以促進被考核者改善工作行為，提升業績水準。凡是員工被提醒一次，系統會自動記憶一次提醒記錄（見圖 5-3）。

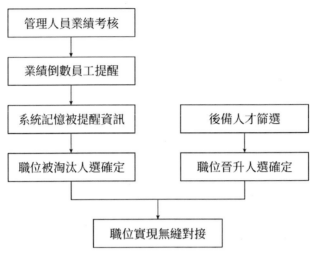

圖 5-3 企業中各級人員的業績考核

　　為了實現職位接替無縫接洽功能，該企業人力資源部與 IT 部門合作在人力資源資訊系統中開發了人才接替提醒系統。在系統中設置凡連續 3 個月或年度中累計 6 個月被列人業績倒數提醒名單者，此系統即會自動實現淘汰提醒功能，同時還和該企業的內部人才庫系統連結。透過此系統除了實現員工淘汰提醒，同時實現後備最佳人才推薦功能，最終達到了管理人才接替管控的目的。因整個接替過程都是由人力資源資訊系統自動出具的，影響因素相對較少，大大提升了連鎖經營人才接替的客觀性與公正性。

　　被淘汰人才的安置是一個非常關鍵的問題，處理不好會造成很多資深員工心裡不滿，作為企業除了為整體利益實現不合格員工的客觀篩選及淘汰，同時也應妥善地處理好被淘汰員工的善後工作。被淘汰的管理人員畢竟為企業做過相應貢獻，如果一旦不勝任就採取解除勞動關係的方式終止合作，勢必造成企業內部人員沒有安全感，最終影響企業員工的向心力與凝聚力。

　　某企業中一位採購經理因業績達不到公司要求從該職位退下來，被安排到公司的審計督察部門，專門負責對採購工作進行督察，因熟悉採購流程及控制點，在新的工作職位上業績非常出色，為企業採購成本降低貢獻了比在採購經理位置上更大的價值。所以對於被淘汰的管理人員人力資源部門首先應考慮的是如何給其再次安排合適的工作職位，企業內部實在沒有合適的工作職位，也不應該對其輕易放棄，應在給其培訓的基礎上再行安排適合工作，如其仍然不能勝任新的工作職位，在遵循被淘汰管理人員意願的基礎上妥善安排解除勞動關係造成的經濟賠償金的賠付工作，這樣才不至於造成企業員工對企業的不信任感，實現修己安人的效果。

　　技術職位的接替不涉及職位的頂替與調整工作，相對於管理人員人才接替工作要容易一些，企業可以實現技術職位的技術晉升、技術降級的管控工作。

第六章

人工成本

　　人力資源管理的核心目的無非是提高人均產出或銷售、保證人才鏈條的連續性、降低員工綜合流動率、提升員工對企業的相對滿意度、提升員工綜合素養水準、降低企業人工成本率等。作為人力資源從業人員，一定要將人工成本的管控作為管理工作的重心來提升與管控，為企業經營利潤的創造奠定堅實的基礎。

　　什麼是人工成本？人工成本是指企業在一定時期內在生產、經營或提供勞務活動中因使用勞動力而支付的所有直接與間接費用的總和。人工成本不等於工資，只是工資占人工成本相當大的一部分罷了。人工成本結構主要包括從業人員的勞動報酬、職工工資總額、社會保險費用、福利費用、教育經費、住房費用、其他人工成本幾部分。在人工成本管控中，因工資占比最大，控制住工資總額對於控制人工成本影響較大，為此本章中主要透過工資成本的控制來解說人工成本管控問題。

　　任何成本的管控都不能以犧牲員工利益為出發點，所以人工成本管控方面主要介紹員工利益部分的控制方法，對於可能造成員工利益損失的控制方式與方法盡量不要採用，不然你的管控效果一定是一時而不是一世的，最終犧牲的一定是你和你企業的根本利益。

編制內員工出勤工時管控

連鎖經營企業一般會存在淡旺季的區別，為了保障編制控制的有效性，企業應設淡季與旺季時段的編制控制數。但並不是在旺季招人、在淡季裁減人員。如果這樣處理，就是透過犧牲員工的利益來滿足企業成本的管控，不屬於本書主張的觀點。

I. 確定編制人數

連鎖經營門市一周中每一天銷售狀況有很大差異，一般來說周六、周日兩天的銷售額相對比較高，周一、周二是一周中銷售最差的時間段，我們按照第一章的方式確定了門市的編制數量，但是此編制是門市員工數的最大值。在一周中不同時間段會出現冷熱不均的情況，如在周一、周二的時候可能出現部分人員無事可做的情況，而在周六、周日的時候因業務量比較大會出現員工工作節奏過於緊張的狀況。為了進行門市人工成本的管控，筆者建議在周一的時候門市店長就應該根據以往周一、周二的業務量憑藉經驗安排部分人員休息，這樣休息的員工就會欠公司工時；那麼在周休二日的時候因門市繁忙，門市店長就可以根據一天中比較繁忙時間段安排以前休息的員工加班，這樣既解決了周一、周二門市冗員造成人工成本浪費的情況，又解決了周休二日加班導致加班工資增加的問題。

2. 納入考核之中

同樣連鎖經營企業為了業績提升的需要，經常會在節假日進行促銷活動，促銷活動會導致連鎖店面異常忙碌，而確定門市人員編制的時候是沒有考慮節假日情況的，那麼自然會出現員工在節假日期間加班的現象。門市店長根據門市經營情況安排部分員工加班導致拖欠員工工時的現象出現，應如何處理這個問題呢？

為了提升門市店長對員工工時的管控意識及技能，我們將此項工作納入門市店長的業績考核及綜合考核中，其考核指標為工時產出比，即連鎖門市每月員工總出勤工時與銷售額之間的比例。因每家連鎖門市的實際情況有很大差異，我們以工時產出比的下降率為考核依據，以工時產出比下降率現在和過去比較的方式確定標準值，透過此考核方式實現門市店長工時管控的目的。

3. 員工流動率的使用

連鎖門市員工本身就有流動率，即使企業管控得再好也很難實現員工零流失。如果企業員工完全不流動的話對企業來說也不是好事，企業沒有新鮮血液加入最終導致企業創新性不強，對企業未來發展十分不利。讀者讀到這裡可能會出現這種錯覺 —— 員工流動率越高越好。當然不是這樣的，如果這樣的話會造成企業員工人心不穩，致使企業期間成本增加，最終導致企業效益受損。

因連鎖門市流動率的存在，人力資源部門在淡季的時候停止門市員工徵才工作，這樣隨著時間的推移，因員工主動辭職而實現門市人員在淡季時候供需平衡。因員工的辭職導致拖欠員工工時問題，一般採用加班工資的方式一次性結算處理。

不同的門市其流動率可能有很大的差異，每個連鎖門市情況也不一樣，有可能某家門市因人員流失導致門市缺編，而另一家距離不是很遠的連鎖門市的人員卻很充裕，企業可以在徵求員工意願的基礎上，在門市間進行人員調配實現連鎖企業門市員工數量管控的目的。

其他用人形式

　　連鎖門市周休二日一般比較繁忙，企業可以透過員工調整作息時間實現員工供求平衡，但有的門市因一周中銷售差異較大，僅僅透過自己員工上班時間的調整仍然難以解決門市周休二日期間人員緊張問題，對於此種問題企業可以僱用在校大學生來解決。

　　在校大學生為了增加經驗一般比較樂意參加企業實習活動，企業可以在常規編制控管的基礎上採用在校大學生周休二日店面實習的方式彌補員工短缺問題，但被選擇的大學生必須透過素養管控與員工培訓後方可上工，同時實習也應在技術含量不高的職位。但大學生畢竟不是企業正式員工，他們工作的隨意性比較大，如某學生被安排到一家連鎖店面工作，因個人原因沒有上班並且沒有提前告知，這樣有可能出現門市在周休二日期間忙不過來的現象，如果這個問題不解決，此族群的開發是充滿變數的，那企業怎麼解決呢？

　　各門市都有可能申報實習生需求計劃，不管是否真的有需求，對於此問題的管控也非常關鍵，因為實習生編制控管仍然會造成人工成本的問題，雖然實習生不需要辦理社會保險等福利，但是實習期間的工資還是需要支付的。如何管控住門市虛增實習生編制申報問題呢？連鎖經營企業應從以下兩個方面進行管控。

1. 實習生工資結構

實習生工資結構按照門市員工標準設計 —— 即「底薪＋業績分成」的模式，業績分成按照門市業績完成狀況以連鎖門市為單位核算，門市員工數量越多，每個員工分到的業績分成就會越少，同樣也會影響到門市店長的收益，這樣從收益的角度上提升門市店長控制實習生編制數量的意識。

2. 透過門市店長的考核實現實習生編制控管目的

不管是門市員工還是實習生，凡是工作就會有工時產生，企業按照工時產出指標對門市店長進行考核，通過考核的壓力，店長一般會選擇實習生編制控管的。

期間人工成本

期間人工成本主要是由新入職員工不能勝任工作職位和員工因各種原因提出辭職導致人員接替過程中所發生的成本，由兩部分組成。

1. 新入職員工產生的期間成本

此部分期間人工成本主要是員工的工資、福利等支出與新員工為企業創造的產出不成比例，即投入產出比過低。

2. 員工因各種原因提出辭職導致的人員接替成本

此部分期間人工成本主要包括徵才費用、新員工培訓費用、員工提出辭職期間機會成本、新資深員工交接期間重疊工資等。

對於員工辭職交替問題，如果員工流動率得以控制，員工接替所產生的成本就會有所下降。

薪資系統的訂定

在人工成本的管控中編制及人員數量的控制是核心。在人員數量得到控制後，員工單位工資水準對人工成本的影響就尤為顯著了。企業如何實現員工的薪資管控呢？有人說很容易，只要控制員工的薪資水準，薪資成本就會降低。是的，說得一點沒錯，但是如果只是簡單地控制薪資水準很有可能造成企業在人才市場上缺乏競爭力，最終影響企業的長期效益。

對於連鎖經營企業來說，不同的經營門市所處的區域差異很大，甚至還有可能跨城市經營，如果所有經營門市的薪資水準保持一致，勢必會造成部分門市人工成本的浪費，部分門市薪資水準不具有競爭力的狀況。如果不同的門市採用不同的薪資水準，又會造成員工對薪資內部公平性的不滿意。企業要解決員工的薪資內部公平與人工成本控制的問題，薪資模式的設計是關鍵。

一般連鎖經營企業的薪資模式都採用「固定工資＋銷售分成」的模式，固定工資保證員工的基本生活，銷售分成促進員工的工作積極性。

為了保障薪資的公平性，連鎖經營企業在固定薪資中增加地區薪資補貼，不同的地區補貼額度有所差異，目的是調整薪資在不同地區的差異影響。同樣在一個城市也會因為門市區位不同造成人才引進及人才保留的難度，特別是門市處於不同的商圈的影響，為了保證連鎖門市服務品質，企業在地區補貼的基礎上另行設置商圈補貼，以進一步在地區補

貼調整的基礎上保障不同商圈門市在人才保留方面的競爭能力。那麼透過以上分析，連鎖門市的薪資模式中固定工資就演變成統一的「固定薪資＋地區補貼＋商圈補貼」的模式。不同的區域、不同的商圈享受不同的補貼金額，這樣既保證了薪資的內部公平性，又實現了薪資在人才引進與人才保留方面的職能，同時實現了人工成本的有效控制。

連鎖經營企業中銷售分成的目的是提升員工工作積極性，增強連鎖企業員工業績管控的意識。連鎖門市按照銷售額和其他因素分成很多種門市，不同的門市形式享受的業績分成比例一般會有所不同，為了促進員工提升門市業績的能力，員工分成中的分成比例隨著門市銷售額提升逐步提升，這樣以激勵門市員工想方設法進產業績提升，以提升門市經營績效。

透過以上做法連鎖經營門市的薪資組成模式就演變成了「固定薪資＋地區補貼＋商圈補貼＋業績分成」的模式，其中固定工資部分相同級別、相同職位的固定薪資保持一致，以維護企業薪資內部的公平性。

為鼓勵員工長時間為企業服務，很多企業採用年資津貼的形式作為薪資模式的補充，年資津貼這一薪資補充模式是有一定可取之處的，年資津貼有穩定員工的目的，但不一定能夠留住人才，如果額度過高，就會造成員工安於現狀，不思進取，如果額度太低又起不到留住員工的目的。

連鎖經營企業因產業特點決定了在傳統節假日是正常開門營業的，特別是在春節前夕是大部分連鎖經營企業的銷售旺季，所以一部分連鎖門市春節期間也處於正常經營狀態，這樣必然導致部分員工不能在春節期間回家過年。春節作為傳統節日回家過年是何等重要，為了保證春季期間連鎖門市正常運轉，必須保證春節前夕員工的穩定性，為此在連鎖

經營門市薪資模式中還應該有獎金和調薪機制組合使用，以保障節假日期間員工的穩定性。

連鎖經營企業應根據目標達成標準核定年終和年中獎金，獎金和工資是有本質區別的，企業可以根據經營管理需要和年度員工跳槽規律確定獎金發放的具體時間段，一般一年中員工跳槽巔峰期為春節後一個月內，企業年終獎金可在春節後一個月後進行發放，在年終獎金發放之日前離職的將失去獎金的領取資格，為了拿到年終獎金很多員工不得不堅持到年終獎金發放之日，這樣就解決了春節期間的人員問題，但可能會造成員工的不滿，但是如果企業結合企業調薪機制的使用會大大地改善員工的不滿情緒。

薪資對員工還是有很大影響的，如果企業到員工出現大範圍辭職的時候才考慮員工的薪資調整問題，那麼公司的薪資激勵作用一點都沒有發揮。如果每年都進行固定比例的薪資調整，員工會將此調薪機制錯誤理解為企業福利，會大大降低其激勵性。所以薪資調整的模式還是值得企業研究的，一般薪資調整分為全體員工薪資調整的普調機制與根據員工職位升遷或職位晉升等進行個別薪資調整兩個部分，普調一年至少一次，可根據市場變化及企業支付能力進行多次調整，但為了減少員工因年終獎金年後一個月發放造成的不滿情緒，年後第二個月就應是企業固定的薪資普調的最佳時機，其具體調整的幅度按照整個企業業績增幅的比例進行確定，這樣就大大地調動了員工工作積極性。同時年度內還應根據市場變化等情況以及員工的差異進行普調及個人調整，使企業薪資既滿足市場競爭力，又達到人工成本管控的目的。

年中獎金的發放設計對連鎖經營企業的影響是很大的，很多企業在傳統節假日發福利或組織員工外出旅遊，可成本卻沒有達到應有的激勵

員工的目的，如中秋節期間企業發放月餅禮盒，就有員工這樣抱怨：「過節發什麼月餅呀，這麼好但就發一盒，自己捨不得吃，送人還要買一盒！」同樣如果你的企業發放月餅檔次較差，員工會抱怨：「發這麼差的月餅糊弄我們，這是人吃的嗎？」試想一下這樣的人工成本難道不是浪費嗎？企業為什麼不將年中獎金與福利成本合並設計個性化化福利以激勵員工呢？

綜上所述，連鎖經營企業的薪資體系最好為每月薪資（固定工資＋地區補貼＋商圈補貼＋業績分成）、年資津貼、年終獎金、薪資普調與個人調整、個性化化福利相結合的模式。

薪資系統的設計

　　僅僅明確連鎖經營企業薪資體系還不具有操作性，薪資體系中薪資組成模式的設計才是核心與根本。薪資組成模式的設計離不開企業薪資體系設計方向，它們之間是互為因果關係，沒有體系的大局觀，薪資組成管理模式勢必造成偏頗或顧此失彼。

1. 薪資水準設置

　　薪資水準設置在新創企業與成熟企業裡的設計思路是不一樣的，在新創企業中，連鎖經營企業一般根據自己的定位、連鎖經營企業策略重點，結合市場薪資調查研究及自身的支付能力進行薪資水準的確定工作。

　　新創企業在籌備期間首當其沖應進行企業各職位薪資水準的確定，以期滿足新創企業的人才引進工作。企業定位對薪資水準的設置影響是比較大的，企業定位越高薪資水準相對市場來說就會越高。如果定位中等，為了滿足人才的快速引進工作，企業在薪資水準設定的時候只要滿足比同一城市目標競爭企業薪資水準略高一點就可以了。

　　如果你所在的企業在某城市中沒有同行企業存在，企業一般用與產業比較接近的企業作為確定薪資水準的參照標準，如烘焙產業經常參照麥當勞、肯德基的標準，雖此產業和它們有一定的區別，但是顧客族群基本是一致的，經常光顧麥當勞或肯德基的顧客，在烘焙業門市消費的

機率比較高。這裡說的產業比較接近是員工上班時間基本相當、用人族群比較接近、可能會存在人才互相競爭的產業，如酒店服務人員與手機連鎖、休閒食品連鎖等產業的銷售人員基本上需求是一致的，那麼很有可能會在跨產業間進行人才的互相爭奪，所以在新創企業所在城市沒有同產業企業作為參照的時候，將相近產業企業作為參照標準是個不錯的選擇。

2. 薪資調查研究

薪資水準的確定沒有市場薪資數據的支援是很難的，對於新創企業來說，一般選定目標參照企業並對其進行針對性薪資調查研究，基本上可以實現數據的採集。

對於基層員工的薪資調查研究方法比較簡單，現在的徵才資訊已經完全處於公開狀態，很多企業本身就會將自己的徵才資訊及薪資標準透過各種管道傳播出去，企業只要有合適的管道就很容易進行數據的採集與分析。但是連鎖經營企業中基層員工的分成政策等相關薪資政策的調查就有一定的難度了，對此部分數據的採集建議按照企業管理人員與技術人員族群的薪資調查研究方式進行。

對於企業中的管理人員、技術人員這一部分族群的薪資，一般企業是採用保密的方式進行薪資管理的，對於此類職位的薪資的調查有一定的難度，本書主要介紹針對部分族群的薪資調查研究問題。

(1) 間諜調查研究

新創企業為了籌備順利，一般都會在同行企業中挖取幾個中高階人才作為籌備組成員參與企業籌備工作，一般挖取的人才相對來說都是比

較高階的人才，自然對原所在企業的各職位薪資水準是比較了解的。透過與他們間接的溝通還是比較容易了解到同行企業各職位薪資水準及薪資政策的。

(2) 中介結構調查研究

一般的企業都會選擇與人才網站等中介機構合作，進行人才引進工作，特別是獵頭服務機構，他們必須了解服務對象的相關資訊，不然無法滿足服務需求。新創企業人力資源管理人員可以保持與中介機構之間的聯繫，這樣很多針對性資訊就很容易獲取。雖然涉及中介機構有洩密的嫌疑，企業收集數據只是為自己確定薪資水準使用，又不涉及任何的商業行為，絕對保證中介機構的安全。

(3) 面試調查研究

安排立場比較堅定的內部員工到針對企業面試，也是一種很不錯的薪資調查研究補充方法，但此調查研究方式有個很大的弊端，首先參加面試的人只有在被面試單位決定錄用的情況下才能得到相應職位的薪資標準資訊，每次調查研究只能針對一個職位，對薪資調查研究侷限性比較大。不過，在針對性職位薪資的調整中作用還是非常顯著的。

(4) 組織徵才

企業徵才方式作為薪資調查研究工作效果也是不錯的。企業在求職者填寫的簡歷上針對性地設計表格，要求求職者介紹原單位工作職位及薪資水準，同時在面試的時候也可以透過面試行為了解求職者原單位相關職位的薪資資訊，但此種方法會出現數據虛高的問題，主要是求職者為了增加自己在求職單位的薪資需求，會適當誇大原單位薪資水準。如

果來自同一家企業不同員工數據比對，大部分員工描述的薪資段一般就是原企業相關職位的薪資水準。對於此薪資調查方式本身存在數據失真的缺陷，建議將此方式作為薪資調查研究的重要補充與參考。

(5) 參加活動

隨著市場競爭越來越激烈，人力資源圈子間的活動越來越多，比如產業沙龍、拓展培訓、旅遊活動等，此類活動不但增加了人力資源工作者之間的聯繫，同樣也為彼此之間建立友誼奠定了基礎。人力資源管理工作人員可以充分利用此類平臺，透過直接與間接的方式有針對性地與相關企業人力資源管理人員之間保持聯繫，實現針對企業各職位薪資水準的數據收集。此方式在薪資調查研究中還是比較有效的，人力資源從業人員一定要多增加與同行之間的交流與溝通的機會，這樣不僅能解決薪資調查問題，對同行之間管理思想、管理方法的探討與學習也是很有幫助的。

透過以上各種薪資調查研究方式實現了針對企業薪資水準的數據收集。如果在一個城市裡有同產業企業，企業可按照前面介紹的內容很容易確定本企業薪資水準；如果在一個城市裡沒有同產業企業的話，企業在確定薪資的時候相對有同行企業的定薪參考因素要多點，但是只要有數據支援，確定薪資水準還是比較容易的。

不同企業薪資模式會有很大差異，特別是在福利的設置上不同的企業差異會更大，如有的企業提供住宿、有的企業解決工作餐等，企業在做薪資調查研究之時應力求將所有員工收益全部納入調查研究範圍，保證數據不遺漏、不缺失。

所有薪資調查數據到位後應緊跟著進行數據處理，特別是涉及福利項目方面的，如住宿、就餐等，企業應將其折算成員工小時收益。

員工小時收益＝員工所有收益額 × 出勤總工時

員工小時收益明確後，企業開始進行數據的分析與處理，可將每一家企業各職位的工資數據進行處理，核算出市場中小時收益在 50% 至 100% 等位的小時收益額，企業根據自己的定位最終確定自己企業各職位薪資市場水準的標準。

薪資策略的確定對職位薪資水準的影響是非常大的，某美容連鎖企業在產業競爭中主要是以產品制勝，為了保障企業中與產品項關職位的人員穩定及人才引進，此類職位薪資水準採用高於其他職位（參照市場等位標準），其他職位薪資水準按照市場的 50% 等位定薪的，而此類職位卻按照市場的 85% 等位確定薪資水準，這樣才能保證此類職位人才的吸引力。

3. 薪資結構確定

薪資結構對連鎖經營企業人才引進的影響，有時候比薪資水準的影響還要大。連鎖經營企業的薪資模式一般採用「固定薪資＋業績分成」的方式，但是很多員工在求職的時候更多關注的是固定薪資的額度，特別是在員工族群年齡比較大的連鎖企業裡，員工會更加關注固定薪資標準。所以新建連鎖經營企業應對工資結構的確定加以重視。

確定工資結構的時候企業首先應對職位性質進行分類，為了發揮職位的價值，不同的職位薪資結構設置應有區別，一般連鎖經營企業門市銷售方面的職位採用低底薪、高分成的薪資模式，這樣才能促進門市銷售人員強化業績提升意識。而如果連鎖門市中還有技術性職位，那麼此類職位薪資結構中固定工資占比就會高於門市銷售人員的固定工資占比，透過技能評定促進技術人員提升技術水準。

(1) 確定固定工資額

透過市場調查數據確定企業的固定工資額度。一般來說，固定工資的額度不得低於當地最低工資水準。新創企業固定工資額度應略高於針對企業的固定工資水準，這樣對於人才引進才有一定的幫助。一旦企業正式營運後企業可以透過薪資調整機制再行調節。

(2) 確定固定工資的組成

一般固定工資是由職位工資和技能工資兩部分組成，對於此部分的設計要用企業管理體系來承載。連鎖經營企業為了保障人才素養的提升和統一，門市管理人員與技術人員最好由內部產生，如何提升員工參與內部儲備的動力呢？

職位升遷、人員晉升首先要明確企業的職位分類與規劃，在規劃的基礎上進行職位工資和技能工資額的確定。如某烘焙企業為了實現在職員工的素養提升，達到職位儲備的目的，將營業員分為 A、B 兩個級別，那麼營業員的固定工資組成就設置為職位工資和級別技能工資，其他職位按照職位規劃以此類推設定固定工資的組成。但職位升遷和職位晉升在技能工資比例設置上有所區別，為了促進員工重視技術提升，企業職位晉升的技能工資之間的差額差距應該拉大，這樣有利於調動技術性職位員工提升技術水準的積極性。而對於職位升遷中技能工資直接差額一般較小，是為了人才的儲備，對於各技能之間的差距企業還要考慮上一級別職位的薪資水準。假如營業員固定工資為 1,800 元／月，上一級別固定工資為 2,000 元／月，兩職位之間的工資差距為 200 元。在營業員中設置兩個級別的話，A 級營業員職位工資為 1800 元／月，技能工資為 0 元；B 級營業員職位工資為 1,800 元／月，技能工資就應為 200 元。B

級營業員就是收銀員的儲備人才，當門市收銀員因各種原因缺崗時，B級營業員就可以直接升遷到收銀員的職位上，享受收銀員最低級別的工資待遇。職位升遷與晉升中各技能級別技能工資差距越來越大是一種趨勢，但如果某職位高職位最低級別工資低於低職位職位最高級別，就間接地反映了高職位的工資水準設置有問題，企業應重新對其固定工資額進行設置，這也是對企業中各職位薪資設置的一個人調整整機會。

(3) 連鎖門市分成政策的制定

連鎖門市員工的分成一般是以銷售額為基礎設計的，在設計分成比例的時候，企業基本會根據門市的預估銷售額進行分成點的設置。如某連鎖門市預估銷售額為 300 萬元／月，假如門市定員 30 人，同時門市員工為同一個職位，根據市場調查研究確定其薪資為 2,000 元／月，其中固定工資額設置為 1,000 元／月，那麼理論上 30 名員工的績效分成為 3 萬元。有了這些基礎數據後企業就可以直接以 3 萬元分成除以 100 萬元的銷售額，員工分成應為 3%。

為了激勵門市員工強化業績提升意識，連鎖經營企業一般會根據連鎖門市的業績達成狀況，按照不同連鎖店面性質，如一級店、二級店等設置不同的分成比例，店面級別越高，分成點越高，這樣連鎖門市員工為了自己的收益就會非常努力地促進銷售工作以提升店面店級。

連鎖經營企業中非銷售型職位，一般不適合使用以銷售分成的方式進行薪資模式設計，但是如果一點不和門市銷售業績掛鉤，很難提升門市輔助銷售人員的工作積極性。此部分職位一般透過績效管理的方式對其考評，結合職位升遷與職位晉升以及門市獎金對其激勵。其門市獎金的發放主要包括銷售額的提升與費用的控制之間的差額 —— 毛利額的一

定比例進行發放。如果某連鎖門市沒有毛利貢獻，那麼此門市就沒有獎
金額度，同樣獎金的發放比例的設定也以市場薪資調查研究數據作為重
要參考，一旦確定下來就不能輕易改變或取消。

(4) 地區補貼與商圈補貼設置

很多連鎖經營企業都是跨區域經營的，為了保障經濟發達地區能夠
保持薪資的市場競爭力，企業透過薪資的市場調查研究確定不同地域的
區域補貼以調整區域的差異。

同一個城市的不同商圈經濟發展的差異是很大的，這就決定了雖在
同一個城市，但薪資應有差距。連鎖門市為了使薪資在一個城市的不同
區域保持市場競爭力，企業也應按照地區補貼的方式確定同一城市中不
同商圈的補貼。

透過以上步驟連鎖經營企業基本確定了月薪資，此方式既保證了薪
資的統一性，也保證了不同區域門市薪資的競爭力，同樣也保證了人工
成本中薪資成本的控制。

以上模式並非連鎖經營企業唯一的每月薪資確定方式，有的連鎖經
營企業沒有地區補貼、商圈補貼的薪資項目，其每月薪資的確定方式是
透過一個城市的市場調查研究和市場定位等方式確定了本城市的每月薪
資水準，不同的城市根據經濟水準的差異設置地區係數、不同區域設置
區域係數，這樣同樣的一個每月薪資在不同地區、不同區域就按照每月
薪資與地區係數、區域係數的乘積確定其具體的薪資水準。這裡的係數
的確定與前面地區補貼、商圈補貼方式是一樣的。

為了激勵連鎖門市員工的積極性，有的連鎖經營企業按照業績達成
率確定各門市的業績係數，不同城市、不同區域、不同業績門市按照不

同係數與每月額定薪資，核算相應的薪資額度，不同的薪資組成就按照每月薪資組成比例直接核定。為了滿足職位升遷、晉升需要，此種薪資模式中也可以將其職位按照不同標準劃分為不同等級、不同級別之間的差額按照比例標準確定，同樣也可以按照金額標準確定，其具體確定方式與方法，由企業根據自己的實際情況和管理需要確定。

(5) 年資津貼

一般企業為了留住員工都會在薪資體系中設置年資津貼，希望透過年資津貼的模式保持勞資關係的延續，但是操作中也會出現很多問題，有的員工甚至直接將其當成了企業的一種福利，如果在設置模式和標準上不加以關注的話，就有可能失去基本的意義。

年資津貼的設置，有的企業選擇所有員工每滿一年薪資固定上漲共同額度的模式，也有的企業選擇不同級別的員工年資津貼的上漲按照不同的標準執行。不管是哪一種方式都要注意標準的設定，標準過高，一部分資深員工就會安於現狀，這是企業不願意看到的；標準過低，對於穩定員工來說沒有什麼意義。為了避免以上兩種不利情況的發生，企業可以將年資津貼的標準與業績考核掛鉤，不同等級的職位設置不同的年資津貼基數，凡是年度考核合格以上的員工本年度才有年資津貼增加的資格，同樣合格的員工年資津貼根據職位等級不同設置幾個級別，這樣既激勵了員工，也實現了年資津貼留住員工的目的。

餐飲連鎖經營企業年資津貼分為主管及主管級以下、經理級別、總監及總監以上 3 個年資津貼等級。對於主管及主管級以下的員工年資津貼就分為 100 元／年、150 元／年、200 元／年 3 個標準。凡是員工在年度業績考核合格以上的員工至少享受 100 元標準的年資津貼；考核在 80

至 90 分的員工年度享受 150 元的年資津貼；考核 90 分以上的員工享受 200 元的年資津貼。經理級、總監及總監級以上等級職位同樣享受不同的年資津貼，這樣就大大地提升了傳統年資津貼的效能。有的讀者可能有這樣的疑問：年度考評不是一年一次嗎？是的，這裡說的年度考評和讀者們理解的年度考評有本質的區別，本書所說的年度考評是按照每個月考評數據平均值的年度考評，而讀者理解年度考核是員工或組織的年度綜合考評。為了保障年資津貼年度考評數據的直接反映並與不同標準年資津貼數據掛鉤，該企業還專門開發了薪資核算系統加以處理以方便薪資核算。

年資津貼不同的企業設置上限與不設置上限兩種模式，不管是上限還是不設置上限，主要還是看能否既達到年資津貼的目的，又能夠控制和規避傳統年資津貼設置中的缺陷。從員工的角度來說，他們是不希望設置上限政策的，而對企業來說，一旦達到了留住員工的目的，再繼續保持年資津貼實際上沒有什麼意義，還浪費人工成本。另外，如果一個員工在不需要付出很多時就比其他同職位的員工高出很多薪資，對於該員工的工作積極性提升是很不利的。所以年資津貼除了設置年資上限，還應設置金額上限，以期實現年資津貼設置的目的。

如某餐飲連鎖企業主管及主管以下職位的年資津貼每月不超過 1,000 元，部長或經理級的年資津貼每月不超出 1,500 元，總監及總監以上職位的年資津貼每月不超出 2,000 元。透過年資津貼與業績考核掛鉤，各級職位不同員工可以根據自己業績情況決定最終的年資津貼，這樣既實現年資津貼的設置目的，又發揮了激勵的效果。

年資津貼的發放方式也是非常關鍵的因素，很多企業是將年資津貼月工資一塊進行核算與發放的，這樣此津貼的激勵效果將大打折扣，因

為很多員工在領工資的時候他們一直把該項津貼當成工資的一部分，企業最多灌輸一下薪資津貼設置的相關政策，對新入職員工是沒有什麼刺激作用的，但是如果企業將此津貼集中發放，如半年一次，並且以現金形式發放的話，領取年資津貼的員工會眉開眼笑，他們感覺這是工資以外多出的收益，對於新入職員工來說，他們會強烈地感覺到收益的差異，大大提升了年資津貼設置留住員工的目的。企業也可根據慣例需要特別設計發放時間，如部分企業為了限制員工流失，將年終獎在春節後發放，企業可在春節前發放年資津貼，以舒緩員工因年終獎金年後發放而造成的不滿。

年資津貼和工資還是有本質區別的，企業在員工入職的勞務契約上約定年資津貼發放日前離職者，年資津貼予以取消並透過當地勞動部門備案透過者，企業完全可以將其作為控制員工流動率的一種方式。津貼還可以與其他管理方式相結合進行設計，但是一定要和企業整體的薪資體系相結合才能最終達到設置不同薪資組合模式的目的。

(6) 年終獎金

為了激勵員工和組織，很多企業都在正常薪資模式以外設置獎金項目，區別無非就是獎金發放的標準與方式不同。很多企業可謂用心良苦，但結果卻事與願違，除了與企業的客觀環境有關外，獎金管理模式也不容迴避。特別是連鎖經營企業，在設置獎金的時候過度激勵化，造成很多企業員工為了短期利益不擇手段，其最終結果犧牲的還是企業利益。為了避免此類悲劇的發生，筆者透過本書給各位心愛的讀者一些建議，希望能夠給你和你的企業帶來一些益處。

一，獎金發放基數。很多企業設置了門類繁多的獎金發放基數模

式，如有的以銷售額發放，有的以毛利額發放，有的以利潤額發放，還有的以費用控制額發放，不管哪種發放方式一定要結合企業所處階段以及是否符合企業的階段性目的來進行。對於新創的連鎖企業或門市，為了促進銷售規模的快速提升，一般應按照銷售額發放；對於已經經營一個財政年度的連鎖企業與門市，企業可根據連鎖門市對採購費用的控制能力，一般採用毛利額或經營利潤額為基數發放獎金；對於管理比較精細的門市或部門進行獨立核算的連鎖企業或門市，也可以按照費用控制額發放獎金。還有其他的發放方式，不管是以哪種基數發放獎金，一定要能夠透過獎金發放的指揮棒實現企業階段性的管理目的。例如某烘焙企業中的門市，在一年內按照門市銷售額為基數發放獎金；經營一年以上的按照門市經營利潤的一定比例發放獎金，其目的是透過獎金發放方式的不同引導門市的經營管控點控制。

二，規避獎金短期效應。不管按照哪種方式發放獎金，都有可能導致門市員工為了短期利益而不惜付出長期的代價，企業應在獎金發放的基礎上關注連鎖經營企業經營的長期管控。連鎖經營企業在核算獎金之時應引用本書第四章的內容對門市進行綜合考評，並根據考評結果設置獎金調整係數，即連鎖門市的最終獎金額為門市應發放獎金額與門市的獎金係數的乘積。在連鎖門市綜合考核中很多指標都是關注門市長期發展的績效考核指標，如成長指標體系中的相關指標、團隊指標體系中的相關指標等，這樣在獎金額度的最終確定中不僅關注了短期的相關利益，同時也兼顧了連鎖門市的長期發展。比如某餐飲連鎖企業門市獎金核算方式是按照經營利潤發放應發獎金額，門市按照綜合考核核定實發金額，凡綜合考核為 60 分或 60 分以下者，實發獎金為 0；考核為 60 至 70 分者，獎金發放額為發放額的 0.5 倍；考核為 70 至 80 分者，應發金

額同於實發金額；考核為 80 至 90 分者，獎金發放額為發放額的 1.5 倍；考核為 90 分以上者，獎金發放額為發放額的 2 倍。

三，獎金發放方式。企業可規定員工違背公司規定情況，如在獎金發放日前離職者，企業獎金項目可以不予發放，員工即使到勞動部門投訴，勞動部門也不予以主張。所以獎金作為企業重要的管理工具，可以在發放方式上進行研究並設計出適合企業管理要求的獎金管理辦法。對此，企業可以將其與流動率管控目的相結合，年終獎金在年後的 1 個月予以發放，這樣就迫使員工不得不於春節後到企業報到，透過此種方式保證了連鎖經營企業春節期間連鎖門市的正常經營。企業也可以與管理相關聯。同樣企業也可以設定享受獎金的年資標準並和員工的業績考核掛鉤。比如某烘焙企業連鎖門市員工年資 3 個月以上，在獎金發放日前正常上班，業績考核為 70 分以上者可以享受獎金分配，其具體分配方式按照業績考核結果設置獎金分配係數，按照應分配獎金額與分配係數乘積核算分配獎金額度。

企業還可以將年終獎金與每每月的業績考核相掛鉤，這樣能更加精確地核算每個員工的獎金分配總額。同樣企業也可以將年終獎金一分為二，一部分在年後的一個月進行發放，一部分與連鎖經營企業的員工福利相結合進行個性化化福利的設計，其具體發放比例，根據企業的實際情況進行確定。

(7) 個性化福利設計

很多企業都設有相應的福利項目，比如在傳統節假日統一發放福利物品、組織員工出去旅遊、組織員工外出學習等。福利項目是透過人民幣形式兌換的，同樣也有成本，並且占企業人工成本的比例還比較大，

如果企業不進行很好的規劃，以盲目跟風的方式進行福利設計，最終成本產生了，卻很難達到企業所要求的效果。

一，福利資金來源。任何一家企業的福利都會有人均預算標準，一個財政年度結束，按照年終獎金的核算管理辦法企業可以核算出全年的年終獎金，但是企業可僅發放一半，還有一半獎金和新的財政年度應該支付的福利費用合併作為福利包，作為個性化福利的資金來源。此福利包像基金一樣，只要連鎖經營企業正常營運每年就可能有新的資金納入，同樣也有可能在某一個財政年度因經營不善，需要迪過住年結余的福利資金以保持福利政策的連續性，這對於留住員工並提升員工對企業的向心力具有非常重要的作用。

二，福利的發放方式。傳統的福利設置所有員工基本享受統一的福利標準，除非是因年資或職位的差異有所不同，其他基本沒有差別。這樣操作固然有深層原因，簡化了福利發放的過程，簡單高效、易於操作。但此種方法造成的結果可能並沒有促進優秀員工的工作積極性，反而導致部分員工的不悅。企業有了福利資金的來源，如果還是沿用傳統的福利核算及發放方式，還不如將從年終獎金中節流的資金以年終獎的形式發放對員工更有激勵效果。企業福利的發放最好和員工的業績考核掛鉤，最低級別的員工只可以享受到傳統福利應有的標準，業績表現不同福利標準會有相應差異。

三，福利項目設計。現在的員工越來越追求個性化、追求獨一無二，傳統的一成不變的福利設計模式顯然已經不能適應當前員工的個性化需求，個性化化一般會增加福利操作的難度，所以企業在增強福利的個性化化的同時也應相對固定一部分福利項目。

　　由於各種原因，員工對於家庭的付出和貢獻隨著當前工作節奏的提升越來越少。

　　很多企業員工在生病、結婚、生日、直系親屬傷亡的時候，企業幾乎沒有任何表示，如員工生病在床，特別又是因公負傷，企業沒有任何主管予以探望。對於此類員工特殊日子設置固定福利項目，如員工不管是否因公生病住院，按照不同級別設置不同慰問金由員工的直屬主管代表公司親自送到醫院並探望；員工結婚時由員工的直屬主管代表公司送賀禮並予以祝福；員工本人生日時同樣收到企業精心挑選的生日蛋糕；員工直系親屬死亡時，在員工請喪假的同時就可以得到董事長的喪亡慰問金，試想一下員工會作何感想呢？

　　福利項目的設置很容易，但是監管難度較大，比如員工直系親屬死亡的傷亡撫恤金，有可能會出現冒領的問題，對於此類問題人力資源部門一定要有有效的管控方式。還有可能是員工父母已經離世但是在生日的時候仍享受生日賀金的情況，對於此類問題，如果沒有專人來處理，以及用有效的人力資源資訊系統進行統計、排查、自動提醒的話，管控一定會出問題。

　　傳統節假日企業福利設置，最好打破統一發放物品的模式。我們知道很多員工實際上在傳統節假日是不希望收到企業為其置辦的福利物品的，有的企業為了節約成本，比如說自己是做煙酒生意的，在節日的時候直接發放自己滯銷的相關商品或鄰近保質期的商品，這樣不發福利，員工還沒有什麼特別的不滿，發了反而會引起很大的不滿。企業要了解為什麼設計福利項目 —— 為了留住員工、增強員工對企業的滿意度，如果達不到這樣的目的，福利項目還不如徹底取消。我們也知道很多員工在傳統節日的時候是希望自己支配福利項目的，那企業如何處理呢？

企業與其挖空心思地想設置何種福利項目，還不如將此決策權利交給員工。企業只做一件事情，那就是發現金，但是要和業績考核掛鉤，業績水準不同現金額有所差異，但是最低享受的福利金額與該員工原應享受的標準要統一。

某烘焙企業普通員工凡工作滿 3 個月以上者，中秋節福利標準是指定款式月餅禮盒兩盒。為了展現福利的激勵性，又展現福利的統一性，該企業中秋節的福利設置標準為：凡端午節至中秋節期間每月業績考核平均分在 70 分以下者，僅享受月餅禮盒的福利；業績考核 70 至 80 分、80 至 90 分、90 分以上的不同級別員工享受不同的福利標準（此標準額相對固定，不同級別的員工業績考核結果對應相應的標準）的現金。此額度也可以根據企業效益進行額度範圍的彈性調整，如在 80% 至 120% 進行調整，這樣使福利和激勵有效結合起來，打破了原有福利一視同仁的弊端。

很多企業也有員工旅遊的福利項目，但是就此福利項目的設計也有值得商榷的地方。如按照員工的年資或員工級別享受外出旅遊的機會，這樣給員工的不是業績導向，而是資歷為本，既不利於調動員工的積極性，還有可能導致對新進績優員工積極性的挫傷。對於此類福利企業應以業績導向設置，在適用範圍上適當增加，以此激勵企業全體員工。

委外培訓也是企業中非常重要的福利項目。委外培訓一定要能達到企業想要的效果，既激勵優秀員工，又要為企業未來負責，為此委外培訓須與員工業績考核或綜合考核掛鉤，凡是考核結果在一定標準以上的員工才有資格進行委外培訓的申請或公司才能夠安排其外出培訓。這樣既解決了委外培訓的資金壓力問題，同時也實現了企業培訓人才提升素養的目的。

　　福利的開支是很大的，如果沒有固定的資金來源所有福利內容基本沒有實現的可能。企業在設計福利的時候首先就要解決福利資金來源問題。這裡介紹的福利資金來源主要是由傳統的福利項目預算資金、企業年終獎金節流資金以及企業培訓費用資金共同組成的。且福利資金屬於專款專用的，有類似基金的性質。隨著企業效益的提升，年度福利總額會有所增加。為了保持福利標準的相對統一，即使在企業效益非常好的年度，福利的資金開支按照本年度福利項目資金轉人情況會有個限額限制，這樣企業效益不好的時候就能夠保證基本福利標準不至於下降過多。

　　福利資金的組成中有員工年終獎金節流部分與企業培訓費用資金，這兩部分資金的數額都和企業效益有很大的關係，員工為了保障自己的福利開支的穩定，不得不賣力地工作，不得不為企業效益提升獻計、獻策。

　　企業效益不好的時候，福利項目的開支順序也是企業應考慮的範圍，首先滿足員工個人息息相關的福利項目，其次滿足員工的節假日福利，再次滿足員工委外培訓的，最後滿足員工外出旅遊度假的項目。當然在企業效益好的時候，在福利項目開支限額內所有福利項目都應該滿足。

　　也有的企業在設置福利開支的時候，是按照員工工作積分的方式進行的，每種福利項目指定相應的積分，員工可以將自己的福利積分分開兌現不同的福利項目，也可以集中起來進行福利項目的兌現。不管是本書建議的福利設計還是應用積分模式進行福利的管理，只要能夠留住員工，激發員工工作積極性並能夠規避傳統福利弊端的設計就是好的福利設計。

(8) 薪資普調與個人調整

很多企業在員工的薪資調整上選擇被動模式，即員工不離職、員工不提出加薪申請，企業都選擇「過一天是一天」的逃避方式。更有的企業在薪資的處理上因為沒有統一的規劃，而選擇「黑箱操作」的方式，即哪個員工提出加薪申請了，企業就私下進行薪資調整，沒有提出薪資申請的員工，企業就自認為這些員工對當前薪資水準還是比較滿意的，這樣造成的結果是兢兢業業的員工反而沒有得到應有的薪資收益，而那些在企業中工作不是很努力的員工卻得到與其付出不成對等的額外收益。

員工希望薪資體系應具備內部公平性、外部競爭性，同時還有合理的薪資升遷體系等，對於此處的薪資外部競爭性是一種綜合的市場競爭力，它不是單純的每月員工實際收益，而是包括員工在企業中的有形的福利或無形的員工精神感受。員工在企業中的精神感受比較好的時候，可以適當減少對物質利益的所求。

員工在組織中的精神感受一般包括體面的工作、挑戰的工作內容、和諧的員工關係、自由的發揮平臺、高素養夥伴等，這些精神感受的載體一定要公平與公正，如果企業沒有營造公平的內部環境，其精神感受一定會受到質疑和影響。

(9) 資深員工分流基金

人在什麼時候最需要資金呢？恰恰是老的時候，失去勞動能力的時候，很多企業為了生存卻不得不在員工勞動能力減弱的時候選擇與員工解除勞動關係，有點良心的企業還有相應的經濟補償，絕大部分企業採取逼迫其主動離開的模式，這樣員工不但得不到任何經濟補償金，還有可能因為心情不愉悅損傷身心健康。

1. 風險控制。為了規避部分資深員工工作滿 10 年後為發放資深員工分流經濟補償金而提前辭職問題，凡是具備享受分流經濟補償金的資深員工，一旦享受了此補償金將不再予以再次聘用。

2. 資深員工分流基金發放方式。以年度為單位發放，凡是工作滿 1 年的員工，按照員工姓名發放 1 個月的資深員工分流基金，並以人為單位進行累計，凡是某員工在 10 年內離職者，此員工累計的基金直接結轉到該年度的年終獎金餘額中。所以本基金採取滾動管理的模式，不是隨著時間越來越長，基金額度越來越多，而是連續工作時間長的員工越多，其基金數額累計得越高。

3. 資深員工分流基金管理。此基金作為企業中專款專用的資金，在企業財務帳戶上是動態計提，如果一直不使用，最終轉為企業所有者權益。

(10) 企業薪資的承載能力

任何企業生產與經營必須要有相應的成本作支援，但是按照財務上的本量利分析原則，企業的成本總是有一個最大支付值，不然企業就會處於虧損或半虧損的邊緣。作為成本組成的人工成本在連鎖經營企業中占比非常大，如果人工成本管理失控的話，很有可能因此成本失控造成企業的虧損。

某企業管理顧問公司研究數據顯示購物中心（百貨＋超市）人工成本占銷售的比例（人工成本率）不得高於 3%，大賣場（倉儲式）人工成本率不得高於 1.8% 至 2.1%，標準超市（面積 6,000 至 7,000 平方公尺）的人工成本率不得高於 2.6%，便利店（面積 200 至 700 平方公尺）的人工成本率不得高於 3.2%，外資超市（面積 1,200 平方公尺）人工成本率不得高於 3.5%。此數據都是由產業研究機構進行長時間的調查研究與

研究得到的，你所在企業的人工成本占銷售額的數據也有產業指導數，雖然此數據不是你所在企業控製成本的最科學比例，但可以作為重要的參考。

企業在進行人工成本數據比例控制的時候，一般要將歷史數據作為重要的參考依據，透過企業歷年來的人工成本數據與銷售額數據進行對比，得出一系列比例值，凡是超出產業指導數據的，按照產業數據為準；凡是低於產業指導數據的，直接採用相關比例數據。這樣就會得出你所在企業人工成本率的比例範圍。

這裡的預算比例不是不變的，因不可抗力或其他不可預估的因素，導致預算數據無法執行的時候。

(11) 企業薪資普調管控

為了保障企業薪資水準的市場競爭力，兼顧新、資深員工的引進與保留，企業薪資普調是非常有效的管理工具，可以打破很多企業新入職員工工資總是比資深員工工資水準高的弊病，營造並保持新資深員工同水準競爭的公平環境與平臺。

企業普調薪資管控，是一個技術性要求相對較高的工作，除了要兼顧市場薪資水準、員工薪資個人調整、員工年資津貼，還要兼顧員工福利管理等。

一，薪資普調時機的把握。調整薪資作為員工來說是很開心的，一般調整會產生成本的增加，為此調整時機就顯得尤為重要，調整時間過早會浪費人工成本，調整時間太遲又起不到薪資調整的激勵效果。從兼顧人工成本管控與人工成本效率的角度考慮，作為企業人工成本管控的核心部門 ── 人力資源部門必須做好產業市場薪資調查研究並透過此工

作捕捉普調薪資的最佳時機。

　　圖 6-1 中不同線條代表產業內不同企業，其線條的變化代表相應企業薪資中固定的薪資走勢。從上面往下數的第三條線在 2013 年的 5 月出現了薪資的調整，這就給企業了一個非常關鍵調薪信號。一個城市裡總的工作人員數量在某個固定時間段是相對固定的，薪資的指揮棒會因不同產業的薪資水準決定總人員數量在不同產業的分布比例，如果某產業中有任何一家出現了薪資的調整一定會打破原有人員分布比例的平衡。作為企業人力資源部門，特別是專門負責員工薪資調整的專業人員，必須有市場薪資的監控力和薪資變化的敏感性，一旦其他產業出現了薪資的調整，有可能導致本產業人才流失，為了保障本企業的人才保留率，同時兼具人才引進吸引性，其他產業薪資調整的次月即為本企業最佳調薪月。

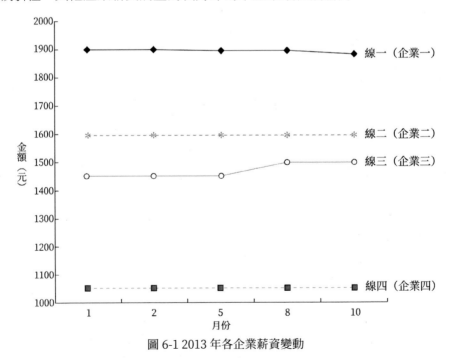

圖 6-1 2013 年各企業薪資變動

　　跨產業主要指與本企業可能形成人才競爭的所有產業，如本企業在手機銷售連鎖經營產業，那麼所有僱用年齡在 18-35 歲，國中以上教育程度的產業都屬於被監測的跨產業範圍，但不是跨產業中的所有企業都被監測，這樣工作量很大，同時還可能會導致數據的失誤，企業一般以跨產業中人才吞吐量最大的企業作為薪資監測的目標，以實現跨產業薪資監測的目的。

　　跨行薪資調查研究和我們在前面章節中提到的薪資調查研究的技術方法是一致的，但是調查研究的重點有差異，跨產業薪資調查研究主要涉及員工固定薪資的調查研究。

　　二，企業員工心理預期調查研究。不同職位、不同員工對薪資的預期也千差萬別，如果企業盲目地進行薪資標準的調整，有可能會出現要麼低於員工心理預期太多，而造成成本增加卻達不到保留員工的目的；要麼根本不需要支付那麼多的人工成本，造成人工成本的無謂浪費。為了使企業薪資調整標準更加具有科學性與針對性，企業一定要進行員工心理預期的調查研究工作。

　　有的企業喜歡在年底組織員工座談會，但收效甚微。有的企業人力資源從業人員感覺很鬱悶，自己工作做得已經非常細緻了，為什麼就是沒有效果？其實，很多人不願意在公開場合講自己的真實觀點，透過座談會了解員工的預期絕不是最佳的方法。有的企業在座談會的基礎上增加了員工個別溝通的環節，但結果也沒有很大的改觀，這又是為什麼呢？人與人之間坦誠交流的前提是彼此之間有一定的交流基礎，如果交流雙方以前是同學、同鄉、朋友等，那麼交流起來障礙會少得多。如果企業還有其他的管道能夠近距離地接觸員工的話，成為朋友不是不可能。比如說某烘焙企業人力資源部門負責培訓的專職老師，他們半天在

公司進行培訓授課工作，半天和自己的培訓對象在一塊上班，透過此種方式除了可以使課程設計更加有針對性，同時也可以透過與培訓對象交流了解到其族群薪資等方面的預期值和對企業的其他期望等。薪資的預期值可以作為企業薪資調整的重要參考值，對於企業的其他預期是企業進行人事政策制定的方向。不同的員工薪資的具體預期值有所差異，但是透過不同對象的數據採集並分析就可以總結出具體培訓對象族群的相應預期值。

三，普調決策制定。連鎖經營企業透過新創企業定薪模式確定了各職位的初始薪資差，一旦確定企業普調標準，企業所有職位在維護原來薪資差距的基礎上統一進行薪資調整。除非根據市場的變化，某類職位人才因市場極度短缺而透過新創企業定薪模式重新定薪以外。

為了實現對企業人工成本的管控，進行員工薪資普調前企業先應明確可能造成人工成本失控的薪資與福利項目，唯有將所有可能造成人工成本失控的因素控制住並同時實現企業人工成本效率最大化發揮的管控模式，才是企業最終追求的目的與方向。

當月企業員工工資普調上限總額
＝當月銷售額 × 企業確定的人工成本率－當月個人調整工資增加總額－當月年資津貼增加額－本月為增加個人調整及年資津貼的應發工資總額－當月企業應承擔的社會保險費用總額

透過上面的公式可以得出普調工資總額的上限，但是普調工作是前置的，處理不好就有可能超出核算的普調工資總額上限。為了提高薪資普調的預見性，企業可將計劃企業薪資普調月與上一次薪資普調月間各月核算普調上限平均值作為薪資普調總額上限標準，這樣有數據的支撐

大大提升了普調工作的科學性、有效性。

> 普調控制上限
> ＝Σ上一次普調次月與本次計劃普調之間各月企業員工普調上限總額／
> 涉及月份數

　　福利與年終獎金也屬於人工成本的一部分，如果企業僅僅滿足薪資調整需要，就有可能造成年終獎金及與員工切身相關的福利項目沒有資金支援。不管用什麼方式核算，其年終獎金也應該在企業人工成本支付額度範圍內，為此普調控制上限就不能完全用於企業員工薪資普調，企業將控制上限的 70% 用於企業員工薪資普調、30% 用於年終獎金費用計提是比較合理的。

> 企業員工人均普調薪資控制額
> ＝普調控制上限 ×70%/ 企業參與薪資普調總人數

　　透過員工心理預期調查研究了解到員工的薪資上漲預期值，假如企業員工薪資上漲預期是 200 元／月，企業在主動加薪的情況下即使沒有調整到 200 元，只要與其差距不大，企業員工都會很感激企業。筆者建議按照員工預期值的 80% 確定薪資上漲標準，這樣不但實現了自有員工的保留問題，還有可能透過薪資的計劃性調整將競爭對手的員工吸引到本企業來。

　　員工薪資預期上漲標準和企業員工普調薪資控制額進行對比，如果在控制額範圍內可以直接按照預期數的 80% 作為薪資普調的標準，如果員工薪資預期上漲標準超出了控制額，企業員工普調薪資控制額就是員工薪資普調的設定值。

　　透過以上方式根據普調薪資時機周而復始的進行員工薪資普調數額決策的制定，這樣就能保證既兼顧到人工成本投資的效益問題，又實現了對人工成本有效管控的目的。

　　企業進行員工薪資普調，每個月當月銷售額乘以企業確定的人工成本率與每月當月的人工成本實際支出額之間一定有差額，其差額的總和與企業員工普調薪資控制額的 30% 及當年資深員工分流基金結轉額之和就構成了企業年終獎金發放的控制上限額。為了提升企業年終獎金的控制上限額，提升企業銷售額與控制企業人員數量是重中之重。

　　按照企業經營利潤的一定比例發放的獎金總額與企業年中獎金發放控制上限進行對比，如果按企業經營利潤的一定比例發放的獎金總額在企業年中獎金發放控制上限之內，那麼當年年終獎金發放額就是按企業經營利潤的一定比例發放的獎金總額；如果按企業經營利潤的一定比例發放的獎金總額超出企業年度獎金發放控制上限，那麼企業年終獎金發放控制上限就是當年的年度獎金發放額。

薪資系統的開發

連鎖經營企業經營單元分散，對人力資源管理資訊方面的要求要遠遠高於其他的企業。作為勞動密集型企業的一種，如果沒有很好的薪資管理系統，全部依靠人工來處理大量資訊，很有可能出現錯誤而給企業造成損失。本節主要介紹連鎖經營企業薪資管理方面的相關人力資源軟體的設計與開發。

1. 福利系統的開發

不同企業其管理的標準及要求有所不同，資訊系統的建立一定要支援企業的個性化管理需要，連鎖經營企業要實現福利的個性化設計。比如說父母生日賀金、結婚紀念日禮品等福利，企業有多少員工就有多少以不同員工為單位的大量個人資訊的採集和使用。在資訊量大的情況下，即使透過人工能夠保證得以提供，但處理此類資訊的員工數量大家可想而知。企業為了管理需要以成本的增加作為代價，但是投入產出過低的投資也是企業的一種機會成本的損失，資訊系統可以低成本、高效率地解決這個問題。

企業福利管理功能實際上只有資訊的提醒功能，所以企業可以將福利管理系統與員工入職檔案系統進行連結，要求員工在辦理入職的時候透過本人身分證辨識系統、個人資訊收集檔案系統建立員工個人考勤號，以方便進行數據資訊的編輯工作。這樣透過入職程序就可以實現相

關資訊的採集功能，福利管理系統可以透過檔案資訊系統的相關數據實現自動提醒的功能，大大提高了工作效率。同樣為了保證數據登錄的準確性，對負責此類資訊登錄的員工要進產業績考核工作。

福利管理系統應該是一個動態的管理系統，員工家庭情況不是不變的，有可能員工在辦理入職的時候還是單身，但是到公司以後結婚、生子的大有人在。福利管理系統應該透過員工結婚、生子等履行的請假手續實現數據採集，此類假期都屬於帶薪假，如果員工不履行手續的話就有可能被扣工資。

福利管理系統還應該設置資訊自動調整功能。個性化化福利中，員工父母生日的時候企業有生日賀金福利，父母死亡的時候有企業的喪亡撫恤金福利，如果福利管理系統不具備資訊的調整處理功能，很有可能某員工的父親或母親在享受過喪亡撫恤金後每年還享受生日賀金的福利。福利管理系統可透過與其收集的考勤系統的喪假資訊，直接進行員工父母資訊的處理，這樣就避免了這種荒唐事情的發生。

福利管理系統應與後面介紹的薪資自動調整系統數據庫連結，透過福利項目個人統計及匯總統計功能，實現福利包資金的動態管理，為人工成本的管控提供重要的技術支援。

2. 年資津貼自動調整系統

員工的年資津貼按照不同職位並結合業績考核可以核算出年資津貼調整值。如何實現此功能？企業首先將津貼自動核算的公式寫到此系統中，其次年資津貼自動調整系統應支援各職位級別年資津貼基數自定義設置，最後此系統應與業績考核系統掛鉤直接結算個人的年資津貼調整數據。

　　為了保證人事數據的自動收集功能的實現，此系統應和員工檔案系統掛鉤，這樣指定考勤號碼就和相應人員及年資津貼數據建立了聯繫，為以後薪資的自動結算及人工成本的分析及控制建立了前提條件。此系統中還要設置上限條件，一旦某位員工不管是年資還是津貼數達到了系統設置上限要求，系統只結算控制上限鎖定的津貼數額。

3. 薪資自動調整系統

　　為了實現員工個人調整的自動顯示功能，此系統應和員工檔案系統、員工培訓系統、員工業績考核系統掛鉤，凡是通過職位升遷或職位晉升培訓的人員，按照不同職位升遷或晉升標準結合相應的業績考核就可以透過系統直接實現員工職位升遷與晉升了。

　　薪資的調整一直是困擾企業及人力資源管理人員的一大難題，很多企業透過每年年終進行第二年薪資政策的推算來實現，比如在 2014 年年底的時候製作出 2015 年薪資上漲比例等，這樣做固然有可取之處，但是 2015 年是一個未知的年份，如果 2015 年經濟狀況等不可抗力的因素存在，提前進行政策的制定很有可能會出現失誤。解決這個問題的最佳方式就是對企業薪資政策進行動態調整。

　　前面提到了人工成本控制上限，即透過銷售總額與企業確定的人工成本率的乘積確定。那麼在開發薪資自動調整系統中支援人工成本率自定義設置功能並將其與連鎖經營門市的收銀 POS 系統數據連結，每個月的銷售數據的收集透過此系統就可以自動結算當月人工成本的控制上限。同時此系統還應具備統計功能，每個月的控制上限數據透過此系統可自動合計，這樣就為人工成本的控制設置了數據依據。

　　員工薪資普調系統應該與員工津貼自動調整系統、員工薪資個人調

整自動調整系統、員工薪資自動核算系統、員工社會保險費用扣除系統連結，透過上面介紹的普調控制上線公式就可以直接顯示各月薪資普調限制額數據。同時此系統有自動求和、求平均值功能，在系統中設置自定義普調控制上限比例（如 70%），系統與員工檔案數據收集系統自動進行人均普調控制數額的核算及管控。

此系統支援員工期望數據的登錄功能，透過最佳調薪的期望薪資比例設置，實現系統的最佳普調薪資數據的建立。並在同一個界面上顯示人均普調控制數額的上限，只要在系統中設置數據處理規則，如果最佳普調薪資數據小於人均普調控制數額控制上限，企業普調建議額以最佳普調薪資數據為準；如果最佳普調薪資數據大於人均普調控制數額控制上限，企業普調建議額以人均普調控制數額控制上限數據為準。這樣就可以透過系統自動實現最佳普調建議時間與建議薪資額自動提醒功能。

為了減少數據處理中的中間環節，提升數據採集的有效性，在開發此系統時應在此系統中設置提醒回覆功能，即系統中出現了員工普調薪資建議，在建議的回覆窗口有同意普調、暫不普調、自定義普調（在普調中就某些工作在普調薪資額內自定義建議數據功能，假如系統建議普調 200 元，透過薪資的市場調查研究企業中某職位只需要增加 100 元就可以達到市場競爭力的效果，這樣就可以在系統中選擇自定義普調，透過與其連結的檔案系統搜索指定職位名稱並在職位名稱後手工登錄 100 元數據就可以實現自定義普調的目的）。

4. 員工福利自動結轉系統

為了保障人工成本的有限管控，企業應將薪資與福利管理相關系統在一個平臺上進行開發並保持系統之間數據庫的相互可搜索與共享。企

業將年終獎金控制上限的公式寫在系統中，這樣就可以透過此系統實現企業員工福利餘額的自動結轉功能。

如果有條件的話可以將員工福利自動結轉系統與財務管理系統進行連接，透過財務系統數據及系統設置的年終獎金發放比例就可以顯示年終獎金發放建議額。

為了直觀地對年終獎金發放額進行控制，在系統中將前文解說的條件寫到系統中，這樣員工福利自動結轉系統就可以進行年終獎金發放決策並指導人力資源部門進行操作，這樣既提升了工作效率，又大大提升了人工成本管控效果。

員工福利自動結轉系統每年會將本年的人工成本節約額在系統中結存，此部分成本結余總額不是簡單地作為企業的利潤截留於企業，而是作為企業風險基金在財務預提，當企業處於經營蕭條的年份作為企業能夠保持基本的薪資或福利政策調整作保障。

薪資核算系統的設立

　　沒有一個高效的、操作便捷的薪資核算系統，薪資核算人員數量就很難控制。按照傳統的薪資管理模式，每月核算人員除了為門市員工進行薪資核算工作，同時還負責就薪資異議進行解答，這大量地占用薪資核算人員和門市員工的上班工時。解決這些問題的唯一方式就是運用高科技方式實現薪資的自動核算並透過員工手機查詢系統進行自我查詢。

1. 薪資核算系統開發

　　薪資核算系統是將考勤系統、獎懲系統、薪資等級系統集成的一個核算系統。

2. 獎懲系統的開發

　　連鎖經營企業中員工獎懲主要有考勤方面的獎懲、業績分成及考核方面的獎懲、傳統獎罰方面的獎懲、物品盤存差異方面的獎懲以及收銀人員收銀查帳方面的獎懲等。如果開發一個系統能夠和員工檔案系統等相關系統及登錄連接埠進行接洽，這樣就會自動實現指定考勤號碼對應人員的每月獎懲合計，大大提升了薪資核算人員獎懲環節的統計效率。

　　考勤系統是可以實現指定考勤號碼對應員工的每月考勤數據統計的，只要在考勤系統中將考核的獎懲標準內化，如遲到多長時間扣罰多少金額，這樣考勤系統就可以直接實現指定考勤號碼對應員工的每月考

勤獎懲數據。

業績分成的核算，只需要將連鎖門市的 POS 收銀系統數據收集到員工獎懲系統中，透過內化到獎懲系統的銷售分成比例，核算出每個連鎖門市的每月業績分成總額。為了規避門市短期效應，員工獎懲系統還要和門市綜合考核系統接洽，透過門市的綜合考核數據對門市分成總額發放進行彈性調整，並自動核算發放金額。

連鎖經營企業為了促進視覺辨識貴賓卡、新品或滯銷品的銷售，經常會專門就此類產品推行促銷活動，同時為了提升門市員工的促銷熱情，有時候還會專門就每項單品或業務單獨制定分成方案並不與門市綜合考核掛鉤，對於此類業務的分成是比較容易處理的，只要將 POS 系統數據直接連接到員工獎懲系統中，由負責促銷的部門透過員工獎懲系統的自定義連接埠登錄分成政策，此系統就可以直接顯示指定考勤號碼對應的員工的分成數據。

員工獎懲管理辦法，可以將員工獎懲系統在每個連鎖門市系統平臺上設置窗口，門市店長可以直接透過門市資訊平臺實現獎懲數據的登錄，這樣不但增加了工作效率，同時系統也實現了獎懲資訊的記錄。

收銀現金的盤點，可以根據連鎖經營企業經營的門類進行貨品實物的盤存。企業可以將盤點或盤存差異的處理公式內化到獎懲系統中，員工獎懲系統是和連鎖門市的經銷系統連結的，連鎖門市店長透過門市資訊平臺登錄實際盤點或盤存數據，此系統就可以直接核算差異並透過內化差異處理公式核算以月為單位指定考勤號碼對應的員工的獎懲數據。

上面介紹的各個獎懲模組在員工獎懲系統中共用一個數據庫，只要員工獎懲系統具有統計功能，就可以實現各考勤號碼對應的人員的每月獎懲數據合計額。員工薪資等級表與月績效工資掛鉤，一旦確定了各職

位各員工的薪資等級表，透過考勤號碼的搜索即可實現企業薪資自動核算的功能。

3. 薪資等級系統

如果沒有指定員工的薪資標準及薪資表單，仍然無法實現員工的薪資核算功能。薪資等級系統是為了解決員工薪資標準及薪資表單而開發的核算系統，此系統具有職位薪資標準自定義設定功能。對於個人調整實現的方式，在系統中按照職位等級標準設定，如收銀員 A 級職位、收銀員 B 級職位等，透過此系統與員工檔案系統、員工線上管理系統、培訓管理系統、綜合考核系統連結，內化的職位升遷或晉升規則，可以直接鎖定考勤號碼對應人員的職位等級。

薪資等級系統具備薪資等級表的自定義登錄功能，將每個職位等級設置不同薪資標準。透過系統自定義功能登錄不同職位等級職位的基本工資、技能工資及績效工資基數額（一般是為了規避相應的勞動風險，將一部分固定的工資在製作工資表時納入績效工資的部分），這樣凡達到相應職位等級的員工，其基本工資和職位工資及績效工資數額就會被收集到相應職位等級。

4. 薪資核算系統

為了實現薪資的快速核算功能，將薪資核算系統與員工獎懲系統、年資津貼自動調整系統、薪資等級系統關聯，薪資核算專員透過自己的電腦平臺追蹤、檢查獎懲數據等連接埠數據登錄的時效性與準確性，在薪資核算時將所有的數據導入薪資核算系統，這樣就可以實現績效工資（績效工資基數額與獎懲額的合計數）、年資津貼的數據引入，實現應發

工資數的自動核算。

　　傳統的薪資異議解答方式大量浪費人工，為了提升異議解答的工作效率，可以按照連鎖經營企業在職員工業績考核的方式訂製開發管理軟體，員工透過自己的手機登錄並輸入自己的考勤號碼就可以詳細地查詢自己的薪資情況。此查詢系統支援異議解答功能，薪資是由各個薪資項目組合而成的，每一項薪資組成後面都有是否有異議窗口，如果員工對於薪資無任何異議的話，不需要在手機平臺操作任何作業；如果員工對自己薪資中某項組成有異議，可以在異議與否窗口中點擊「是」，窗口中就會出現異議原因自定義窗口，員工可以透過此窗口進行異議內容的書寫，人力資源部門後臺薪資管理人員可以透過手機上傳的異議事宜核查數據並透過此系統後臺直接進行回覆。

　　為了保障薪資核算人員在異議查詢中的工作態度和責任意識的提升，凡是被員工投訴或透過異議系統回覆後檢查出薪資核算人員工作錯誤者，一律納入薪資核算人員業績考核系統進產業績考核。

平衡人工成本個體

　　利益的分配一直是企業比較頭疼的問題，透過上面的內容介紹已經完成員工利益分配問題，但是不是對每個員工薪資福利的投資都是合理的呢？

　　對於自負盈虧的企業，非常注重投入產出比，傳統的企業管理都將注意力集中到企業的盈虧平衡的控制上，很少有人就企業組成部分的員工收益率進行分析。試想一下，如果企業中每個員工都屬於投入產出率過低的，那麼企業的收益率一定很低，企業不能保證每一個員工的投入產出比都是很高的，但是如果透過有效的管理，逐步提升員工的投入產出比不是沒有可能的。

　　前面章節中已經介紹了企業的福利管理與薪資相關的資訊管理系統，所有的資訊管理系統都是和員工的檔案系統互相連結的，透過系統的數據記錄，可以將企業中每個考勤號碼對應的員工全年收益統計並匯總合計。

　　這樣透過系統中數據排列的功能就可以將每個職位全體員工按照年度收益從高向低或從低向高的順序排列出來，如果此排列順序是和員工在企業中的實際表現（透過年度業績考核）一一對應的，那麼就證明企業對員工的薪資和福利管理是有效的。如果出現部分員工和實際表現有出入，那麼在薪資與福利政策管理上還有需要進行改善與調整的空間，同時也可以透過差異率的變化對企業中薪資與福利管理的專業人員進行

考核。透過此管理方式不斷地對人力資源薪資與福利管理政策進行摸索與改進，以激勵員工改善業績並最終提升企業績效。

職位中收益比較低的員工往往是業績比較差的，對於此類員工人力資源部門透過收益數據分析，找到導致業績差的核心因素並透過員工的直屬主管與其溝通，鼓勵員工積極進取，改善工作業績，甚至可以為指定員工設置收益上漲目標。

如某員工年度收益較差，受到主要影響的因素是年資津貼和年終獎金，對於這兩部分收益的主要影響因素是員工業績考核水準，此主管可以與其溝通，年資津貼是由上一年度業績考核影響決定的，而年終獎金是由本年業績決定的，主管可以和指定對象共同設定未來一年年終獎金的目標並在全年中積極鼓勵和協助，這樣該員工一定會被激勵，結合內部培訓的支援改善業績目標。

透過連鎖經營企業平衡人工成本個體，實現了薪資福利政策的不斷改進，在結合日常管理行為的基礎上不斷提升員工的投入產出率，最終實現企業效益的提升。

人工成本管控

　　人工成本最為核心的管控是各級管理人員都要有人工成本管控的意識，合理進行工作安排，杜絕人工工時浪費。

　　每個連鎖門市實際情況有所不同，門市管理人員能夠根據自己門市實際情況在公司允許範圍內進行員工班次的適當調劑，如本來員工上班是按照兩班倒的作息時間模式，門市店長根據客流情況安排一名員工在一天中最忙的時間段上班，這樣就有可能兩班倒的兩名員工減少一名，從而實現人工成本的管控目的。

　　連鎖經營企業一般屬於勞動密集型企業，人工成本在總成本的比例相對來說是很客觀的，激發全體員工人工成本管控意識並將成本管控的結果和自己的收益掛鉤作為人工成本管控的一項基本原則是企業人力資源管理人員不斷探索的課題，隨著科技方式越來越先進與越來越發達，相信可能還會有更科學、更有效的方式支援人工成本管控工作，期待新的管控方式的快速產生為企業創造更大的價值。

員工流動率

　　企業員工過於穩定，創新精神可能會受限，但是員工流動率過大，一定會造成企業期間人工成本的大量浪費。員工穩定給企業的益處，很多書籍上都有相應介紹，本書就不再予以闡述。但是企業如何提升員工對企業的滿意度，降低企業員工流動率呢？這是本章主要闡述的問題。

品牌形象建立

　　企業雇主品牌形象對在職員工的保留與穩定是有積極作用的，但是對雇主品牌的打造不是一件容易的事情，不似宣傳那麼簡單。我們經常發現不同企業的員工提到自己企業會有完全不同的表現。企業品牌形象很差的，員工都很少介紹自己的企業，感覺在這樣的企業上班非常沒有面子；企業品牌形象好的員工則經常介紹自己的企業，感覺非常自豪。

　　雇主品牌建立是一個長期的、循序漸進的過程，主要有企業內部人事政策和社會形象兩個主要方面。對於企業人事政策的介紹，在本書的前面章節中介紹了，其核心是提升員工對企業的滿意度、忠誠度及員工的向心力與凝聚力。理論的提出很容易，操作是一個漫長而且坎坷的過程，只有透過全體員工自上而下的共同努力，並且不斷地根據客觀情況的變化精益求精地改善，才能慢慢地改善員工對企業的印象並實現凝聚的目的。

　　企業是一個全體員工展現自我的平臺，很多人更期望能夠在企業中展現價值。作為優秀的雇主，無不是將此類工作做到極致，他們很少壓抑員工的創造力，更多地給予支援以幫助員工展現個人價值。如某家品牌營運公司，就用開發產品的設計師名字作為其服飾的品牌。試想一下，作為此設計師會感到多麼光榮，同樣其他企業夥伴看到該企業這麼尊重員工會不會被激勵呢？答案是不言而喻的！

　　對於平臺價值的發揮，有個想法就是將此工作與管理人員的業績考

核掛鉤。企業員工之所以沒有感受到平臺的價值，很多時候都是由於直接主管的不支援與壓制造成的。為什麼你的部門員工沒有創造力呢？一定是你沒有給他們機會，沒有給他們平臺，沒有給他們協助！為什麼近年來很多在國營事業工作的經營管理人才、技術人才在薪資福利遠遠低於現有企業的情況下，選擇跳槽到外商公司或民營企業呢？

很多人可能不能理解，為什麼放棄的國營事業到民營企業或外商公司。其實他們之所以這麼選擇，是因為這些企業能夠給他們熱情，給他們實現抱負的空間與平臺，他們可以按照自己的理想開展工作，而這都是國有企業無法給予的。企業如果崇尚創新、鼓勵員工探索並且給予資源或技術等支援，這樣企業員工活得會很有熱情、很有價值，也很有所得。他們一定會很感激企業平臺並發自內心地維護企業形象。為了達到這樣的效果，企業部門負責人需要為員工營造支援工作的環境氛圍，對此可以透過考核方式實現。即部門年度創新型工作，不管是為了管理改進而推出的管理流程更新，還是為企業效益提升而進行的技術改進，凡是員工提出並實施的，即納入部門創新型工作結果的數據統計範圍，數量或價值最大的部門或個人將會得到特殊獎勵，以此激勵企業所有員工。

工作環境對於企業形象的影響是很大的。對於企業員工的生存來說，不但對工作氛圍要求很高，對企業中軟硬體設施營造出來的工作環境要求更高。很多企業為了降低成本，習慣用接近淘汰的電腦等設備，這樣對員工的創造力打擊是很大的，員工潛能都用在如何進行工具的維修上了。如果所有員工使用的設備都是新的或最先進的，那麼被淘汰的設備如何處理？這樣造成的管理成本如此高昂企業又怎麼能夠盈利？很多成功的企業探索出來的處理方式值得借鑑。如國內某企業員工入職的

時候就可以領到新的辦公電腦，每臺電腦設置了使用年限。如果一臺電腦價值 30,000 元，每年價值損耗 10,000 元，如果員工在企業工作滿 3 年，自己使用的電腦所有權就歸自己所有了；如果一個員工在公司工作 1 年後離職，可以出 20,000 元將電腦買走，員工不願意的話，企業可以透過同樣的價格轉賣給其他員工；如果工作的時間很短就離職，其使用的電腦設備和新的設備基本沒有區別，這樣即使新員工使用此設備也不會感覺不好，既滿足了員工對工作設備的心理需求又兼顧了企業成本的壓力。當然，可能有其他一些更好的方法，有待企業管理人員不斷探索、不斷推陳出新。

硬體環境不僅僅就是使用工具方面，還包括工作環境中通風效果、空調效果、空氣品質、衛生環境、照明狀況等硬體無不對員工的工作心理造成一定影響，不同企業應根據自己的財力和實際情況盡量營造好的環境。

硬體環境的改造相對比較容易，但是軟體環境的升級就不是那麼容易了。沒有員工願意在一個流程冗長的工作環境中浪費自己的職業生命，也沒有員工願意在不敢承擔責任的主管下面進行工作。對於流程的梳理和改進也是管理人員當仁不讓的職責範圍，唯有警鐘長鳴，精益求精地不斷探索與追求，才能實現工作軟環境基因的改變。

企業的社會形象對雇主品牌建立影響非常巨大，對一家對社會負責任的企業來說，品質永遠是第一生命線，特別是連鎖經營企業作為社會服務窗口更需要嚴格把關產品品質，企業追逐利潤最大化固然不錯，但是為了利益昧著良心的企業難被世人所接納。控制產品品質不單是為雇主品牌形象服務，更是企業經營最基本的底線。

作為雇主形象的另一個關鍵因素就是企業效益。成功的企業是那些

不僅生存，而且生產的產品非常好的、業績優秀的企業。作為人力資源管理工作者，有義務不斷地為企業引進優秀的經營管理人才與技術性人才，不斷地提升企業員工的職業化素養，不斷地協助企業經營層進行企業文化的改造，不斷地營造良好的工作環境來提升企業業績。業績不斷改進、企業規模不斷擴大、品牌不斷提升本身就是在做雇主品牌建立工作。

對於雇主的社會形象、社會責任等，企業實力不同、義務也有所區別，但是不管怎麼樣，只要企業不斷改進自己，一定可以贏得社會的重視和尊重。只有實實在在的硬實力才不至於被社會認為是虛假宣傳，這樣雇主形象才會隨著時間的推移不斷地攀升。

雇主品牌建立不是單純的簡單操作，需要企業扎扎實實地不斷耕耘。它需要企業在激烈的競爭環境中不斷地強大自己，不斷地充實自己，時刻保持著高效的敏銳度迎接挑戰、克服萬難、保持生存與發展，最終透過由內而外的內涵來征服社會、贏得尊重。

門市管理人員流動率考核

連鎖門市管理人員進行流動率考核，如果門市管理人員不理解，勢必造成負面的效果，此項工作的開展應循序漸進地進行。

首先，要使門市管理人員對此有正確的認識。對於此部分著重強調的是思想問題，意識型態沒有開發好，其他的管理效果都會大打折扣，甚至適得其反。

其次，門市流動率考核。考核不是目的，企業真正的目的是透過門市流動率的考核，強化門市管理人員進行門市員工的保留工作，同時給其壓力去學習、研究留住員工的技能和方法並最終實現門市員工流動率的下降。

最後，研究並傳授連鎖門市員工流動率下降的方法。使連鎖門市員工流動率下降的方法主要包括橫向與縱向兩大控制方法。

1. 橫向門市流動率控制

所謂橫向門市流動率控制，即透過門市管理人員的努力實現門市員工流動率的下降。如某烘焙企業按照員工入職 8 天內、8 天至 1 個月、1 至 3 個月、3 至 6 個月、6 個月至 1 年、1 年以上統計不同職位員工流失數據並追蹤分析原因，找到每個職位不同階段員工流失的具體原因，並針對性地將控制流失的方法與技巧傳授給門市店長，透過其有效的執行實現對門市員工的管控。

　　該企業透過員工線上系統的數據採集發現，造成員工 8 天內離開的原因一般是徵才品質、新員工心理輔導、入職程序、新員工關係維護與追蹤幾個方面出了問題。徵才品質、新員工入職程序、新員工關係維護與追蹤，在第三章中已詳細介紹。新員工心理輔導一般是在新員工入職培訓中專門進行的，主要透過與新員工無障礙溝通，了解新員工的職業需求並進行針對性的引導。經常看到企業在新員工培訓的時候一味地強調企業的未來藍圖、發展史等等。其實，這些內容並不是很重要，與其對企業進行歌功頌德，還不如真正地聽聽新員工的心聲，了解員工的真正需求，根據員工的需要合理地解說企業。員工合理的職業需求企業應給予支援，不合理的職業需求應透過有效溝通方式予以引導，這樣效果就會非常明顯。

　　為了保障連鎖經營企業的標準化與統一性，本書主張徵才工作以基層員工和高層管理人員與技術人員為主，其他職位內部升遷或晉升。對於 8 天至 1 個月、1 至 3 個月、3 至 6 個月、6 個月至 1 年、1 年以上的員工離職率的管控要很精細，針對性地對門市店長等管理人員及相關職位員工進行員工保留方面的專業培訓與技能轉化，同時結合人事政策的調整，最終實現不同年資、不同職位員工的保留。比如說收銀員職位，某烘焙企業分析得出 8 天至 1 個月年資的收銀員離職原因大部分都是由於收銀技能不嫻熟造成收銀少錢導致的，這樣給收銀人員造成很大的心理壓力。為了解決這個問題，企業專門組織門市相關管理人員進行專業培訓，提升管理人員緩解新入職收銀員工的心理壓力的技巧，同時要求管理人員在新上工收銀人員上班時提供心理和技術上的支援，如門市收銀高峰期的時候陪在新收銀員旁邊以增強員工的信心，也為收銀人員提供相應的協助工作。

第七章
員工流動率

　　筆者透過實踐經驗總結，員工流失的原因直屬主管占了很大比重，管理人員每個關鍵點的處理都大幅度地影響流動率。如連鎖經營企業員工的薪資模式一般是由固定工資和業績提成構成，而業績提成的多少直接影響著員工的實際收益。門市業績是由各種影響因素綜合作用的，有好時也有不盡如人意時，管理人員如果在當月工資高的時候沒有及時總結經驗，在業績差的時候就不知道原因，殊不知，這樣不但不會增加業績，還會擴大員工的心理落差，使員工喪失信心，造成的後果是在業績差的時候流動率直線上漲。為此某些企業培訓門市管理人員在業績好的時候開會時說：「這個月我們店的銷售達到了多少，這是本人加入企業以來所有年份 XX 月份銷售突破歷史性的新高（或本年度截止到本月最高的一個月或業績第幾等），這樣的業績是我們共同創造的，大家再接再厲，爭取下月銷售突破本月，大家有沒有信心？但是還有一點我必須強調，雖說業績很好，XX 工作還有差距，大家能不能在下個月做得更好？」透過此類語言激勵門市員工提升門市銷售業績。在銷售不是很好的當月發工資的時候，應該這樣說：「夥伴們，我們這個月銷售很不理想的，可以說是本年度最差的一個月了／連續多少年來 XX 月銷售最差的紀錄，大家不要灰心，銷售不好主要本月我們在 XX 工作上影響很大，我已經做過分析，如果下個月我們能夠突破這個障礙，下個月業績一定會很樂觀，為了提升我們自己的收益，大家努力吧！」透過諸如此類語言不斷地提醒員工，促使員工一直處於最佳工作狀態。

　　橫向門市流動率控制是由門市管理人員與人力資源部門共同配合進行的。總體來說，門市管理人員管理水準和員工的流動率成反比，管理人員水準越高員工流動率越低。為此透過對門市員工流動率管控考核，提升門市管理人員保留員工的工作意識，再結合一系列管理知識與技能

的專業培訓，特別是針對性較強的處理方法，一定會達到員工綜合流動率下降的目的。

2. 縱向門市流動率管控

所謂縱向門市流動率控制，即透過人力資源部對員工流失影響因素的研究，針對性地設計與開發人力資源政策，實現連鎖經營企業員工綜合流動率下降的方法。

專職培訓老師是專門就某一類職位進行培訓的項目負責人員，他們在公司授課半天，另外半天和培訓對象一塊進行工作，可以透過與其交流和溝通了解培訓職位員工薪資預期上漲金額，有利於進行綜合人事政策的制定。專職培訓老師透過培訓工作可以「製造」很多合格的員工，不過，如果對合格員工不能夠很好地保留，也是枉然。企業應要求專職老師在和員工溝通時除了了解需求資訊外，還應對他們的抱怨點進行收集。人們經常透過抱怨以宣洩對現實的不滿，很多企業對待員工抱怨的方式不是解決問題而是打壓。有的企業有一項杜絕員工抱怨的管理制度，凡是出現抱怨一經查處立即予以處罰，其結果使工作環境更為壓抑，沒有人願意繼續在此環境中工作。其實員工有抱怨是在給企業機會，員工抱怨是因為他們對企業還抱有希望，如果員工對企業已經不抱任何希望，他們會選擇直接離職。如果企業能夠收集員工的抱怨，就可以透過抱怨出現的頻率進行員工不滿意點的排名，排名越靠前也就是當前最急迫需要解決的主要矛盾，如果企業可以予以針對性地解決，就會降低員工的流動率。

為了提升人力資源管理對員工抱怨點的敏感性，企業可在培訓管理系統中訂製開發受訓員工追蹤調查研究模組，此模組支援自訂功能，專

職培訓老師在連鎖門市和受訓對象溝通中一旦出現員工抱怨，就立即透過此自訂功能將抱怨內容編輯到員工追蹤模組中，隨著時間的推移，員工抱怨內容也會逐步增加，透過此追蹤系統就可以清晰地了解所在企業各職位員工具體的不滿意內容。

新的抱怨內容系統透過自訂功能進行編輯，由專職培訓老師將抱怨內容轉化到系統中。此系統支援抱怨內容查詢功能，找到抱怨條目並在後面窗口中選擇具體抱怨，透過系統記憶功能具體了解抱怨點。系統還具有統計功能，有權限的人員可以直接查詢一定週期內抱怨頻率的排序，抱怨頻率最高的內容就是當前的主要矛盾，需要人力資源管理人員圍繞著此抱怨內容有針對性地進行解決。

此系統還具有資訊檢索功能，一定時期內主要矛盾是否有所解決，可以透過此抱怨次數很清晰地看到，如果人力資源管理人員沒有根據問題，進行針對性地解決或解決沒有達到效果，某一抱怨出現頻率會保持高點，這就為人力資源管理人員進行員工滿意度提升考核提供了數據採集的直接管道。

員工離職面談也是了解員工的重要管理行為，很多企業也非常重視此項工作，但通常並不知道如何進行員工離職面談工作。員工為了減少事端、順利地辦理離職交接工作壓根兒不願意在離職的時候真實反映離職原因，如果直接與剛離職員工溝通基本得不到什麼有價值的資訊，基本都是「個人原因」，此類離職面談沒有任何的實際意義。

企業在員工檔案系統中一般都會保存員工的聯繫方式，企業可以透過官網、粉絲頁等溝通工具，由勞動關係人員保持與其交流與溝通，這樣離職一段時間的員工就會打消很多心理顧慮，透過此種方式收集到的員工離職原因才具有科學性與真實性。

　　為了有效利用員工離職原因為人力資源政策制定作參考，企業可以在員工檔案離職原因模組設置自訂編輯窗口，凡出現員工離職，負責離職面談的員工可透過此自訂窗口將離職原因編制到離職系統中。此系統也具有追蹤等相關功能，透過統計可以直接顯示出各職位員工的離職原因排名，人力資源部門透過數據收集並結合系統中員工不滿意數據資訊，可以進行人力資源制度與政策的開發與實施，最終實現提升員工滿意度和降低員工流動率的目的。

　　人力資源管理初始層面，是進行事務性工作的處理，隨著管理職能的提升，員工心理層面的疏導工作會成為很多優秀企業考慮的重點。現在 90 後員工增多，加之有人的精神文明建立與物質文明建立的脫軌，致使其對工作和生活的認識是偏激的。富士康案例就很值得人力資源工作者思考，為什麼會有那麼多的員工跳樓？員工的心理問題應特別關注，長時間沒有管道疏導，也沒有排泄的合理方式，導致這樣的結果也是不足為奇的。

　　連鎖經營企業門市分散，如果不注意員工心理問題的疏導，不止員工的保留工作會出現問題，員工的安全問題也會出現隱患。有的連鎖企業特別重視此項工作，如某烘焙企業特別重視員工勞動關係的管理，並在人力資源部門專門設置一特殊職位，此職位員工公布自己的所有的聯繫方式，如 Line ID、FB、手機號碼等，其他員工如果有什麼事情想不開或有什麼其他心理問題，都可以直接與其交流和溝通。透過此方式為員工設置了一個心理調節和疏通的管道，也為深度捕捉員工需求創造了條件。

如何降低流動率

透過詳盡的背景調查，發現很多員工離職根本沒有原因，實際上就是想換一個工作環境而已。工作需要高度的嚴謹性，為了保障服務或生產的品質，工作過程中很難實現多樣性的工作環境，但企業可以透過導入人文管理或政策的改進，來改善工作環境。

員工業餘活動類別是很多的，舉辦籃球比賽、羽毛球比賽等體育活動，舉辦看電影或其他類別的活動都可以。不管是什麼活動，首先是員工有時間參加，很多企業中體育文化設施應有盡有，可根本就沒有員工去光顧，為什麼呢？因為員工全部在加班，根本沒有時間參加。每天高強度的工作，員工也沒有精力與心情參與相關的體育文化活動，所以首先要保證員工的休息時間，而工時管理是保障員工參加組織活動的前提。

員工工時管理就是員工上班時間的管理，國家相關法律法規都有員工工時管理的相關規定，如每天工作不得超出 8 小時，每周工作時間不得超出 40 小時等等。企業經常會出現兩難的局面，即安排員工休息勢必增加員工數量，導致人工成本的增加；不增加員工數量，導致員工滿意度降低，員工流動率增加，不但不利於員工身心健康，還有可能因員工疲勞作業造成工傷，產品品質難以保證。企業如何協調好這種矛盾呢？

很多連鎖經營企業因銷售預測不利，導致商品頻繁出現進貨、退貨、調撥貨品等行為，無形之中增加了員工的無效工時；有的企業對連鎖門市的勞保物品管理實行以舊換新的政策，固然有可取之處，但因更

換也造成了很多工時的浪費。企業可以根據商品販售與物品使用的規律對門市進行定額配送，不僅可以實現商品物質管控的目的，也提升了工作效率。此類的管理行為增加，間接實現了員工工時的有效管理，無形中給員工創造了價值。

某烘焙人力資源部門中有一個數據分析的專門組織，其主要工作就是對人力資源管理實施效果進行分析與監控。透過正常工時顧客投訴與加班工時顧客投訴，不安排員工加班以及安排員工加班流動率的不同數據分析，給決策者建議是安排加班還是增加人員，這樣既實現了成本的管控，又滿足了管理效果的提升。

1. 文化活動

現在的年輕人有個性、有才氣，他們熱情奔放，充滿著無限的創意，他們渴望自己的才能能夠得以展示。企業員工文化活動應以採用「取之於民，用之於民」的原則組織，每次文化活動的舉辦都要做大量的活動主題及項目的調查研究，同時邀請活動參與者 ── 員工作為活動的組織者。人力資源部門主要承擔平臺搭建及資源支援的角色，主角全部由員工自己充當。這樣的活動不但能夠達到激勵員工的目的，而且減少了人力資源部門組織的難度。

如果不加限制可能會出現天馬行空的情況，很多涉及經費的控制問題，為此每次活動應給員工一定的前提條件，組織部門可以就每次活動透過調查研究的形式組織評選工作。現在的年輕族群都是不甘示弱的，會充滿熱情地投入活動中，甚至還有可能因資源的限制而自行開發自有資源，如要求親朋好友友情客串等，這樣大大提升了活動的多樣性和趣味性。

有些企業在組織活動的時候極富官僚意識，這是一些企業組織員工

活動的通病。試想一下，在壓抑的環境下員工會玩得盡興嗎？答案不言而喻。調動員工的參與意識與積極性，永遠是舉辦文化活動的原則與方向。透過活動的舉辦降低員工心裡的厭倦感，才能減少員工流動率。

2. 競技活動

企業中技術的探索是很枯燥的，特別是研發性技術工作更是如此。

一般性職位因替代性比較強，即使流失對企業影響也不是很大，但是作為技術性工種的流失問題就比較嚴重了。雖說很多企業重視技術性人才的保留工作，但技術人員還僅僅處於幕後的角色，基本很少公開拋頭露面，除非是真正的大師。技術人員也需要一定的精神激勵，為此開展公開競技，調動他們的積極性，是不錯的選擇。

競技活動的組織和員工活動的組織有本質的不同，技能競技一般要嚴格按照技術規範進行評比，應設置評委團並按照統一的技術標準進行技術評定活動。對於技術精湛的選手給予特殊的稱號進行精神激勵，如操作能手、技能標兵等，這樣員工就會受到相應激勵，大大提升競技活動邊際效應。

文化活動和員工競技活動也可以與促銷活動結合起來組織，如某烘焙企業就在連鎖門市廣場組織裱花蛋糕技能比賽，在大庭廣眾之下進行技術競技，不僅激勵了參選員工，透過活動也提升了顧客的關注度，實現了連鎖門市的銷售業績增長。

3. 探索活動

企業提供資源與平臺並予以一定的引導，要求員工獻計獻策。某烘焙企業經常舉辦專題研討會議，透過此種形式，所有參與研討的人員，

針對管理課題、銷售課題等提出自己的解決方案。該企業舉辦了「如何進行連鎖門市業績提升」、「如何科學的進行連鎖門市業績數據統計與分析」、「如何提升門市顧客進店率」、「如何有效地進行員工的績效考核」等專題研究，參與人員透過發揮自己的聰明才智，不斷探索並提出具有真知灼見的方法與觀點，大家歡聚一堂。透過此種方式不但提升了管理水準，也實現了知識員工參政議政的權利。

探索活動組織者切忌給員工設置範圍，任由員工自由地探索，給予員工檢驗的空間與平臺，這樣員工會傾其全力投入到有創造性的工作中來，不但可以增強企業的創新精神，也放大了企業員工的存在價值。

4. 社團活動

企業人力資源部門中勞動關係人員應該主動承擔起員工交流的「橋梁」工作，可以透過員工調查研究發起員工比較感興趣的社團活動，凡是參加社團的成員以共同愛好為基本前提，社團組織者由人力資源部成員承擔，除了進行社團活動組織、社團成員活動資訊分享等，還承擔著社團成員思想的引導和成員需求調查研究工作，這樣既實現了員工興趣的延展，又為人力資源政策制定的科學性提升提供了幫助。

連鎖經營企業經營分散的特點決定了其成員交流的侷限性，為了保障交流的順暢性及連續性，社團組織人員可以透過現代交流工具如官網、FB、IG 等進行社團活動的組織與探討，這樣既可以實現族群性的交流，也可以透過此類資訊交流平臺實現社團成果的共享。

社團活動可能會涉及一些設施、設備、工具、器械等的添置與管理，企業盡量引導社團成員透過社會資源來滿足活動需要，比如健身的社團活動，可以收集具備公共健身器材的向社會免費開放的公共資源，

這樣既滿足了社團成員健身的需要，又實現了資源添置的經費控制。

透過一系列的活動，企業和員工就像一張張網一樣被編制在一起，在各自的網中，除了發揮了員工的個性，展示了員工才能，也實現了員工需求與企業利益之間的有效結合，實現了員工滿意程度的提升，提高了員工的保留率。

規劃與管理

　　員工流失管控問題，如果不「標本兼治」可能很難實現長期效果。哪些管理方式可以「治本」呢？員工職業生涯規劃與職位管理是不錯的選擇。這項管理操作起來很難，需要企業有務實的精神、專業的技能作為保障。

　　企業可以透過人力資源軟體開發實現系統固化，但是很多企業因為種種原因導致壓根兒不知道或不能真正理解職位規劃的內涵，為了提升職位規劃與職位管理對員工的長效激勵，建議企業在以下方面加以重視。

1. 員工引進環節

　　可以將企業職位規劃與職位管理的內容作為企業引進人才的訴求，強化傳播，增強企業引進人才的吸引力。

2. 員工入職培訓環節

　　新員工入職環節將企業職位規劃與職位管理的內容作為新入職員工培訓內容的一部分，使新入職員工明確自己現在的位置以及以後的方向。

3. 員工管理環節

　　只要有員工職位升遷或職位晉升，人力資源部門就透過企業內部的資訊平臺播報升遷或晉升資訊，以強化企業內部職位規劃和職位管理的內容。

在企業內部宣傳窗口，職位規劃與職位管理的政策永遠是不變的主題，人力資源部門可以透過傳播形式的創新，強化企業員工對此政策的認識與理解，並依此達到對員工的激勵目的。

職業生涯管理是由企業職位規劃和員工職業規劃兩部分組成的，單純的職位規劃與職位管理是很難實現職業生涯管理目的的，而對於很多員工來說，他們壓根兒就不知道自己適合幹什麼，也很少有人思考自己職業的未來。

4. 員工職業觀的引導

企業人力資源部門應該借助企業內部的培訓平臺、公共資訊平臺以及電視節目平臺，不斷地對員工進行職業教育，使其明確工作的意義及價值，這樣不僅能夠實現對員工職業觀念的引導，還能夠透過員工職業觀念的改變提升其責任意識與敬業精神。

在員工職業觀念引導工作方面，許多企業比較落後，還停留在員工是資本而不是資源的層面上，較少關注員工思想問題，除了工作以外基本上沒有其他的交流，員工在壓抑的環境中周而復始地執行著工作標準與要求，可謂茫茫千里，沒有盡頭！

員工是人，是有血有肉、有靈魂的「精靈」，企業應該強化教育，培養各級管理人員，增強其職業管理意識，透過自己的言傳身教給員工做好職業榜樣，引導員工認識職業、認識工作，提升員工的職業覺悟。只要員工搞明白了工作的目的，就自然會提升自我管理意識，激發職業樂趣，也無形中轉移了工作壓力，最終實現了留住員工的目的。

職業追求的引導也是應該加以重視的。有良知的社會企業，有義務、有責任強化員工職業追求的引導工作。

　　只要企業各級管理人員不斷強化正確的職業訴求及理念，就能夠將員工引導到企業想要的職業觀念中來。

5. 員工職業生涯診斷與建議

　　很多員工想發展，但不知道自己究竟向哪個方向發展，這也是人力資源管理的失職，作為人力資源部門應將員工的未來發展規劃作為人力資源管理中的重中之重。不過，苦於人員短缺及專業性的限制，很多企業一直就沒有做起來。人力資源部門中勞動關係模組應設置專門的職業管理方面的專家，其核心工作就是解答員工職業上的疑問，為員工提供發展建議。也可以根據實際情況，將此職能與其他勞動關係管理職能合併起來。

　　負責職業生涯診斷與建議工作的人員，最好是經驗比較豐富，有穩定家庭的知性女性，因為她們有豐富的工作與生活經驗，加上感性的性格特點，很容易和員工打成一片，很容易拉近企業與員工之間的距離。

　　做好職業診斷的另一個核心要素是從業人員的專業度，要求對企業的職位設置情況非常了解，此職位上的員工應從內部產生。為了提升其專業的職業診斷技能，該企業要求其學習「九型人格」、「員工心理學」、「組織行為學」等與職業相關的專業知識與技能，並送其外出學習人才評測、職業規劃等相關專業課程，透過外出學習與自我學習相結合的方式，不斷提升操作人員的專業技能。

　　只要企業足夠重視員工職業生涯規劃問題，所有障礙都是「浮雲」，透過此項目的開展，企業員工會明確自己適合哪個領域，透過職業建議向特定職位方向發展，不但明確了科學的、合理的職業訴求，也為自己努力工作奠定了精神基礎。

6. 員工職業發展的輔導

企業提供了職位規劃與職位管理標準，同時也需要向員工提供職業規劃的諮商與服務。如果明確了員工職位升遷與職位晉升的專業知識，還有配套的管控軟體的話，企業就非常明確每個指定人員在職位升遷與職位晉升中出現的具體差距，有的差距是很容易逾越的，而有的差距很有可能造成員工嚴重的心理創傷，以至於喪失工作的信心。

企業固然對經營應加以重視，但是如果員工沒有很好的工作技能，沒有很強的職業意識與職業道德，那麼產品品質與服務品質是很難保障的。成功的企業越來越重視企業人才的「生產」工作，企業職業規劃及職位升遷、晉升管控，就是為人才的「生產」設置了「產品」研發參數，按照相關參數進行「生產品質品控管理」。

職位升遷、晉升條件就是企業的研發參數，不同的企業對於此標準的設置是不一樣的。透過企業的管理軟體，很容易檢索到不同員工與目標職位之間升遷、晉升的差距，透過查詢為員工成長與發展指明了方向與差距彌補標準，並且給予了一定的指導建議，可以實現員工的提升。

專職培訓老師，除了負責職能工作以外，還參與職位升遷與晉升資料處理、接受員工諮商以及根據系統資訊進行主動輔導。專職培訓老師一般都是來自培訓對象的上一級職位的專業員工，對受訓對象職位升遷與晉升的環節非常熟悉，能夠理解職位升遷與職位晉升人員的思想狀況，由其對受訓對象進行建議與輔導，針對性較強，具有很強的說服力，減少受訓對象在提升中的自我探索環節，可以有效達到人才快速複製的目的。同樣透過系統數據分析可以直接反映員工在職位升遷、晉升中受挫最關鍵的因素，透過專職培訓老師的研究與調查研究，進行針對性的處理可以提升人才培訓的數量與品質。

　　某烘焙企業中 A 級、B 級店長總是出現由於門市管理服務規範無法達標而晉升受限的問題，透過培訓管理系統檢索出問題後，負責店長的專職培訓老師與營運經理、企業品質經理共同溝通，並透過調查研究了解到主要原因是對受訓對象如何提升門市服務的培訓方法有問題。此類教學方式對員工提升專業知識是有效的，但對於提升技能方面基本沒有什麼實際效果。為此專職老師與主要負責此門課程的老師進行教學模式的調整，將教學形式演變成啟發式與操練形式相結合的模式，大大提升了職位晉升的效率與效果，降低了人才培養的週期。透過「人才生產與人才品質管理」的方式配合薪資等激勵方式，該企業實現了中層、中層以下管理員工或技術員工全部內部培養的目的，為連鎖經營企業服務的標準與統一奠定了人才基礎。

　　企業員工每實現一個自己的職業目標就會有一樣強烈的成就感，同時不斷地審視自己的不足與差距並在企業資源的支援下不斷地彌補與完善，這樣不但實現了企業人才提升的目的，也透過人才成長激勵了企業全體員工 —— 機會平等、人人公平、努力向上，員工在此正能量的環境下生存與發展心情自然舒暢並充滿熱情。

資深員工管理

　　資深員工為什麼不能適應企業未來發展？有歷史貢獻的老骨幹在不能適應企業發展需要的時候，很多員工不是不知道自己的不足，但也不是一無是處，他們還是有發揮餘熱的能力的，他們是需要企業對其有最起碼的尊重的。

1. 資深員工福利

　　現在越來越多的企業開始關注資深員工心理健康了，但可嘆的是，本土企業較少，外商公司較多。此類企業會根據資深員工的年資，給予年資津貼和一些特殊的福利。如某外商公司就規定，凡是在公司服務 10 年以上的員工，公司將與其簽署無固定期限勞務契約，同時還可能得到象徵資深員工的特殊材質的勛章一枚，以作為公司的一種感謝；同樣也有公司在舉辦員工出境旅遊的時候就和在公司貢獻的年限掛鉤，沒有達到規定服務年限的員工即使工作業績出色，也不能享受此福利。透過此類特殊身分福利模式以表達對企業服務的感謝與尊重。

　　連鎖經營企業，是勞動密集型企業，也是流動性較大的產業，企業如何穩定員工隊伍，除了前文介紹的相關內容以外，資深員工福利也是不得不考慮的因素，也需要進行周密的設計。設計的特殊福利最好還要有個性、有特色同時還能夠與資深員工達成共鳴，這樣才能透過此模式實現在職員工「安心」，才能使其最大限度地貢獻自己的知識與技能。

資深員工心安了，抱怨自然也就少了，那麼企業中不安定的因素也會大幅度減少，切記，人心穩定是企業的根本！

2. 資深員工管理

資深員工也是員工，企業絕對不允許資深員工「倚老賣老」，所以企業的所有管理制度資深員工也必須遵照執行，甚至比對新員工的要求力度還要大，企業的文化不是簡單的老闆文化，而是資深員工的行為習慣文化。如果資深員工思想沒有管理好，對企業的影響還是很大的。

公司的制度執行是由執行部門進行的，執行部門的員工很多可能都是新員工，由新員工按照公司制度對資深員工進行處罰，資深員工會感覺很不受尊重，甚至有的資深員工還有「我在公司的時候，還不知道你在哪裡呢」之類的想法，給制度的執行造成很大的障礙。這種思想問題是很多企業都沒有在意的，資深員工制度執行人的選擇其實是很重要的。在資深員工管理過程中，執法部門中最好由在資深員工心目中比較有威望的老幹部做制度執行人員，這樣資深員工就不會有失落感。某企業有個總裁辦公室，對於部分資深員工的處罰問題由監督部門報到該部門執行，因總裁辦公室最高負責人是老闆，所以制度執行起來就比較容易。

資深員工的教育工作對於企業來說也是一個非常關鍵的環節，建議由執行的人員或部門進行資深員工的教育工作，透過企業提供的各種機會與資深員工溝通與交流，不斷給資深員工灌輸言行規範要求，不斷地闡述資深員工如果不嚴於律己，新員工就會模仿，就會有過之而無不及，那麼資深員工們辛苦建立的企業就有可能土崩瓦解。資深員工對企業還是比較有感情的，只要教育得合適、合理，一般資深員工都會理解並欣然接受企業制度要求及規範自己的行為。

參與企業環境營造工作是企業的一大幸事，資深員工能夠自覺維護企業規則，如何從心理層面提升資深員工的意識，是成功企業不得不考慮的問題。

3. 資深員工技能提升

作為一家企業，為了企業的發展不得不關注企業效益問題，但同時也應關注資深員工的技能提升，不然可能會出現資深員工不勝任工作的情形。如員工技能過於單一，又不能短時間內在社會企業中尋找到合適的歸屬地，就會間接斷送員工的職業前程。

企業需要不斷引進產業優秀的職業經理人、專業技術人員等高階人才，可以安排資深員工作為新加盟人才的助手，透過協助經營管理的過程提升其專業技能。對於此種方式，資深員工的心態調整是最為關鍵的環節，很多資深員工不理解企業的苦衷，總是認為新來的高階人才占據了他們的位置，企業應加強資深員工的教育工作，實現新、老人才的融合並實現資深員工技能提升的目的。

企業也可以定期按照資深員工年資和職位利用各種資源安排其到同行先進企業進行觀摩和調查研究，使其明確與先進企業之間的差距，打破資深員工坐井觀天的狹隘思想，激發資深員工的工作熱情與鬥志，並結合資深員工走出去與優秀老師走進來相結合的模式，不斷提升資深員工的工作技能。

4. 資深員工餘熱開發

資深員工不希望被遺忘，希望在企業中展現自己的價值。不過，不管是精力還是專業都不一定適應企業發展階段的需要，如果硬撐著既傷

害了企業及其他員工,同時也不利於自身身心健康。

俗話說「家有一老,勝有一寶」,資深員工對企業環境熟悉,對企業有特殊的感情,雖然不適應現有職位的工作要求,但如果能夠透過內部機構調整擔當新員工培養和企業管理規範的監督工作,不但解決了資深員工心理需求,同時也兼顧了資深員工價值的發揮。

不斷地提升資深員工的專業技能,既包括其深度當然也包括廣度,對於願意分享且善於學習、性格開朗的資深員工,企業可以組織其承擔企業新員工的培養工作。身為培訓的老師是很在意學員對其評價的,為了滿足自己的存在感,他們一般會很精心地準備培訓講義並認真對待培訓工作,這樣不但實現了資深員工經驗轉化,還有可能激發資深員工的工作熱情,找到職場的「第二春」。

企業管理最終依靠的是制度,但是制度也是要人去執行,可誰去監督呢?很多企業成立了諸如督察部、審計部等相關部門,不管部門名稱如何,能否發揮價值關鍵還是人的問題。那為什麼不選擇啟用資深員工作為監督人員呢?資深員工一般對企業是非常有感情的,他們不希望自己奮鬥而來的企業被一些心懷叵測的員工所破壞,一般來說都會非常的敬業。不過需要注意的是,一些資深員工可能因新員工的到來導致既得利益受損失,他們在督查的過程中可能會有故意找麻煩的情況發生,為此對於督查員工的職權應當適當限制,一般僅有檢查權而不具備處罰權。

人力資源勞動關係可設置不同的社團,如果請資深員工擔任社團的負責人員的話,活動的組織工作會比單純用年輕人效果好得多。不同的企業情況不同,只要你想將資深員工餘熱開發作為你工作的課題並不斷結合企業實際進行研究和摸索,一定會有一些新的操作方式與方法產生。

5. 資深員工分流工作

　　不管企業怎麼努力，總會出現資深員工無法勝任工作的情形，有一部分資深員工出於各種原因主動離開企業，企業應該妥善地處理好資深員工分流工作。

　　資深員工分流工作企業要慎之又慎，處理不好，有可能導致企業在職員工不滿。不合適的資深員工管理工作傷害的不僅是員工本人，同樣也埋藏著對整個企業的傷害的隱形炸彈，不管是何種企業型態、何種體制，資深員工的管理問題是不得不面對也不得不重視的關鍵問題。

用人風險管控

　　連鎖經營企業的特點就是經營單元比較分散，企業既希望各分散經營單元發揮主觀能動性，又不得不考慮如何對每一個經營單元進行管控，一旦各連鎖門市管理失控導致的結果不僅僅是單個門市的經營業績問題，很有可能導致整個經營企業品牌受損。比如烘焙產業，一旦某一家門市出現產品問題，如果沒有及時啟動應急系統的話，很有可能形成食品安全危機。連鎖企業應非常重視各連鎖門市的風險管控工作，要做好這一工作就要做好對人力資源的管理工作。

新入職員工管理

　　新入職員工風險管控中最為關鍵的環節是僱用童工的問題。法律規定,不管是企業主觀故意還是被未成年員工蒙蔽,都應當承擔相應的法律責任。連鎖經營企業各門市如果沒有新員工引進的權限,風險的控制關鍵點就是具備面試資格的總部人力資源部門,只要抓住了負責人才引進的人力資源部門,這個問題就基本解決了。這裡有一個矛盾,總部管控不利於各門市在人才引進方面的積極性,如果各門市都有人才引進的權限,則人才引進的童工風險就是必須解決的問題。

員工勞務契約

　　企業除了為社會需求提供產品和服務，還應該隨著企業的營運為社會源源不斷地「生產」人才。作為企業應承擔起為社會製造人才的重任，不管是為了自己企業當前利益考慮，還是為人民造福，都應該嚴格管控用人風險，並盡量地將管控環節前置。

1. 入職資料索取

　　如果企業在入職程序辦理前沒有索取能夠證明員工已經與上一個單位解除勞動關係的證明文件，很有可能因僱傭員工而導致責任承擔，為此在辦理員工入職程序時需員工提供或能夠證明即將辦理入職的員工和原單位已經解除勞僱關係的資料。

　　不是每一個員工都能夠提供與原單位解除勞動關係的證明資料的，如果企業人力資源部門為了規避自己的風險要求入職員工全部提供離職證明資料，很有可能人為設置了人才引進的障礙。企業如何兼顧風險控制和人才引進效率呢？企業人力資源部門應該有一定的靈活性，員工能夠提供離職證明資料者，可以立即辦理入職程序，只要資料是真實的，就不存在風險問題。對於不能夠提供證明資料者，人力資源部門有義務進行調查此員工是否與原來用人單位解除勞動關係，不然有可能因為入職程序而導致合格員工不能及時到職的情況發生。

　　人力資源部門因業務需要經常會與勞動部門打交道，可以透過勞動

部門了解員工是否已經與原用人單位解除勞動關係。如勞動關係還在維持，當然不予錄用。還有可能出現擬入職員工欺騙用人單位的情況，對於存在誠信危機的員工，企業透過與勞動部門核實等於做了更加詳盡的背景調查工作。

能夠證明員工是否與原單位解除勞動關係的方式不只有勞動部門，企業也可以透過原單位人力資源部門採訪獲得，同樣還有一些其他的行之有效的方式。當員工不能提供離職證明的時候，作為企業人才引進部門有義務也有責任承擔起調查的職能，而不是照搬沒有離職證明就不能夠辦理入職條款。

不是每個職位都一定要證明是否與原單位解除勞動關係的，在不同情況規定下，對原用人單位造成經濟損失，該用人單位應當依法承擔連帶賠償責任。一般給企業造成損失的是原企業核心技術人才、經營管理人才，所以對於不是很關鍵的職位，即使員工不能提供離職證明或企業透過自己的方式也不能證明該員工是否與原單位解除了勞動關係，因一般職位非掌握企業核心資源，其突然離職給原用人單位造成大額損失的可能性也不是很大，企業又是在用人之際可以直接辦理入職。而對於在原單位處於核心職位的員工，企業一定要謹慎。

有的企業在員工入職前提供證明健康的體檢證明，對於此完全沒有必要。我們知道員工在面試的時候，一般都要求填寫「員工資訊登記表」，不要忽視此表單，企業可以在此表單中顯要位置編輯「本人保證此資訊表單中填寫的個人資訊完全屬實，如有隱瞞，本人無條件接受企業任何處罰」的聲明，員工辦理入職時必須在聲明人處簽字，員工辦理入職時要求員工填完資訊表單中所有要求填的欄目。如是否健康欄目，員工填寫為健康者，凡是由員工隱瞞病情和企業建立勞動關係者，企業就

可以透過聲明內容單方面地與員工解除勞動關係並且不需要承擔任何責任（當然特殊產業如食品業，要求員工提供健康證明者另當別論），同樣此資訊表單中任何項目有欺騙行為者，企業都可以行使此權利。

2. 勞務契約內容約定

很多企業在勞務契約的內容約定上非常隨意，基本按照當地勞動部門提供的勞務契約文本內容作為企業勞務契約的文本，這種做法有很大的風險。如果出現員工褻瀆工作職責的行為而法規又沒有相應處罰規定，企業沒有事前的控制方式，只能採取隱忍或事後補救。

法規規定是保護企業最為關鍵的條款，如果企業能夠將條款內容結合企業及職位實際情況開發出合約附件，並在簽署勞務契約的時候一並簽訂，就可以實現員工入職前的管控效果了。

這些原則性規定的內容，也沒有明確規定標準，如嚴重違反用人單位的規章制度的，對於嚴重的標準是什麼，法規中是沒有明確規定的，為此企業可以依據管理需要，將管理制度中部分內容標為嚴重範圍，員工辦理入職的時候簽署「公司制度本人已經學習到位，本人聲明嚴格遵守此制度要求」。這樣一旦員工有違紀的行為，企業就可以按照合約附件內容處分違紀員工。同樣在嚴重失職，營私舞弊，給用人單位造成重大損害的規定中，嚴重失職是什麼標準，法規上也沒有明確規定內容，企業就應該根據各職位工作內容，設置嚴重失職的標準，如保安就可以將只要出現公司財產被盜，不管金額多少都視為嚴重失職，企業可以根據實際情況決定是否與員工解除勞動關係，這樣管理的主動權就到了企業方，這樣為管理標準的提升建立了堅實的基礎。

為了業績需要，有的企業推行了末位淘汰制的管理標準，但一旦發

生勞資糾紛，還是企業在推行此管理標準的時候沒有做好事前管控。企業可以在合約約定條款中明確約定「所在職位工作業績出於倒數 N% 的員工即預設為不勝任該職位工作」，只要員工入職時簽署了合約約定條款並在業績考核的時候認可自己的業績數據，企業就可以依據此約定條款判定員工是否勝任現有的工作，如果員工不勝任，企業可以安排培訓或調整至其適合的工作職位，這樣既滿足管理工作需要，又規避了勞資糾紛的可能。

　　同樣企業也可以在勞務契約的約定條款中約定保密協定、競業禁止等相關內容，不管具體內容如何，約定內容都應結合企業、職位實際情況，針對性地設定，保障勞務契約的前置管控的時效性。前置管控越到位，對於員工與企業之間勞動關係存續期間的管理行為支援作用越大，以保障對於員工的管理。

3. 勞務契約簽署

　　勞務契約簽署是很多企業容易疏忽的問題，很多人力資源工作者經常接到因企業沒有及時與員工簽署勞務契約而導致的勞資糾紛的諮商電話，這些企業因用人風險控制意識的缺乏，不乏會出現企業承擔不該承擔的責任。企業凡是與員工建立勞動關係的，自員工辦理入職時立即與員工簽署勞務契約，這樣至少支付兩倍工資的風險就控制了，但是連鎖經營企業因經營單元分散，雖然企業有此規定，卻會因某個連鎖門市工作疏忽造成未及時與員工簽訂勞動關係的可能，對此連鎖經營企業應加以重視，要麼所有員工全部到總部人力資源部門辦理入職手續，要麼企業應設計周全的管控程序。

　　規模較小的企業到總部簽署勞動關係操作起來是比較適合的，但是

連鎖經營企業經營單元過於分散，跨城市或跨國經營的企業，所有員工全部到總部人力資源部辦理入職程序的操作模式就非常不現實，那如何解決遠程管控的問題呢？

連鎖經營企業一定要有適合的員工檔案管理軟體，不然很難實現管控目的，為了實現新員工素養管控與在職員工素養提升管控連結，此系統應支援身分證辨識系統，透過身分證件的辨識可以將面試系統和培訓系統中符合企業要求的員工資訊收集到員工檔案系統中，此系統還支援考勤系統，透過在員工檔案系統中搜索的身分證號作為員工檔案系統中唯一辨識考勤號碼，這樣員工不辦理入職手續就不能實現員工上班考勤作業。

員工檔案管理方面也使用軟體系統進行管控，每個員工檔案都有獨立的檔案袋管理，透過比較現代的條形碼技術或二維碼技術在檔案管理資訊系統內，為每個員工的檔案袋或檔案盒設置一份紙質檔案，透過手持終端掃條形碼或二維碼設備進行檔案盤點管理。

員工檔案系統設置在職員工檔案模組、離職未辦理離職手續檔案模組、離職員工檔案模組（此模組又分為辭職、開除、自動消失離職三個小模組），各門市根據自己員工的異動狀況，透過系統上報員工在職狀況，系統每天結存在職員工檔案數據、離職未辦理離職手續檔案數據、離職員工檔案數據，負責連鎖門市員工檔案管理的員工，應根據此系統數據提示進行員工紙質檔案的「移庫」工作，將相應的紙本檔案轉移到對應檔案櫃中保存，同時要求連鎖門市檔案管理人員每天下班前透過手持終端掃描條形碼或二維碼上傳「盤點」數據。此檔案系統還有一個特殊功能——透過考勤系統，一旦負責員工檔案管理員工當天沒有進行檔案「盤點」或「盤點」出現差異，此員工考勤卡將暫停考勤功能以期提

醒進行員工檔案的管理工作，以推動監控新入職員工入職程序的辦理和勞務契約的簽署工作。

從技術上實現了對新入職員工的合約簽署工作的監控，但如果新入職員工沒有簽署勞務契約，負責入職統計的員工只是保存了一個空的勞務契約或由別人代簽怎麼辦？對此，管理行為也是必不可少的，所有負責員工入職合約簽署或進行檔案管理的員工，他們的合約約定條款中都有重大失職的約定，沒有和新入職員工簽署勞務契約，存在代員工簽勞務契約或員工合約丟失的情況即為重大過失，企業有單方面無條件解除勞動關係的權利。連鎖經營企業人力資源部門可以與企業的督察部門合作，請督察部門協助對連鎖門市員工合約進行督察，凡出現合約違規者，負責管理檔案者立即開除，同時及時讓新入職員工補簽勞務契約，以規避不及時簽署勞務契約所帶來的風險。

4. 勞務契約版本

不同形式的勞務契約，法規的規定是不一樣的，對於企業承擔的成本與風險也會有些差異，大大提升了企業用人的靈活度。

作為連鎖經營企業的人力資源部門應根據職位工作性質結合國家法律規定進行不同職位合約文本的設計並督促連鎖門市執行，這樣就大大地增加了企業用人風險的保護力度，提升企業人工成本投入產出率。

如何規避企業的用人風險呢？很短時間內判定員工是否符合職位要求不太合適，為了更好地觀察員工，保持企業的用人主動權，建議企業簽署勞務契約的時候一般以不少於 3 年為前提，這樣就可以保留 6 個月的試用期的權利。有的讀者讀到這裡可能會有這樣的疑問，單純維護企業利益，員工能夠接受嗎？如果試用期期間工資與福利和轉正工資有很

大差距的話當然不能，那如果把試用期分段，試用期前段按照試用期限標準執行薪資與福利標準，後段按照轉正以後的標準執行，企業保留試用期觀察權，很多員工還是願意接受的。

人力資源部門根據企業及職位情況訂製合約文本，關鍵是連鎖門市是否按照總部人力資源部門版本進行相應職位的勞務契約簽署工作，按照勞務契約管理的模式對其進行督查，凡是未按照標準執行者即為重大過失，企業保留對負責此工作人員的單方面無條件解除勞動關係的權利，保障合理規避企業用人風險。

5. 勞務契約續簽

員工合約到期就會涉及勞務契約繼續簽訂的問題，但是很多企業容易出現問題造成合約無法續簽，只要實際勞動關係存續都是按照未簽署勞務契約辦理的，就要承擔相關法律責任。

系統提醒

　　一般的檔案管理系統都有合約管理的功能模組，透過此模組人力資源從業人員可以將員工的入職日期、合約期限、職位名稱等資訊輸入到檔案系統中。只要系統有合約到期前 30 天內提醒功能，工作人員就可以按照資訊提醒進行合約的續簽工作，除非工作人員失誤或故意，一般都能夠保證此項工作的順利進行。但是連鎖經營企業有其特殊性，如何監控分散的門市同步進行此項工作就不是一件容易的事情了。

　　連鎖經營企業可以將檔案系統與考勤系統結合，檔案系統中某員工合約期限即是此員工考勤號碼有效使用時間。自我開發的檔案系統具備上面介紹的合約到期提醒功能，負責員工勞務契約續簽的員工即可按照提醒內容，書面邀約員工辦理合約續簽手續或合約到期終止勞動關係的手續。有的員工因個人原因或主觀故意，不配合進行合約續簽工作，負責合約續簽工作的員工應立即告知員工的部門負責人，如果員工仍然不配合簽署勞務契約者，合約到期當天，該員工即不能繼續進行考勤作業（合約續簽後負責續簽工作的工作人員可以透過檔案系統重新編輯合約期限），也就意味著如果員工不能繼續考勤，也將無法結算工資。

　　不管是何種管控方式，都離不開人去操作，也就存在人工操作造成的風險，連鎖經營企業人力資源部應定期對勞務契約進行督察，同時配合以相應的管理制度進行管理，這樣才能有效地對勞務契約管理方面的用人風險進行管控。

後勤管理

　　為了滿足企業主的需求，管理層不得不將更多的精力投放到銷售、生產等直接影響業績的環節，而忽視了後勤管理的重要性。

　　連鎖經營企業門市分散，如果單一連鎖門市員工較多，那麼以門市為單位進行後勤管理相對還是比較簡單一些的，但是如果各連鎖門市人員較少，出於成本考慮必須多家門市集中管理，難度就增加了。一旦企業開展後勤管理工作，由此衍生的一系列問題，應有一套行之有效的方式進行針對性解決，不然會給員工增加一些不必要的負擔，背離了開展此項工作的初衷。

　　連鎖經營企業後勤問題主要是住宿和員工餐兩個問題。對於員工餐，企業比較習慣於自建食堂或定點配送的模式，這對工廠或單一連鎖門市人員較多的連鎖企業（如汽車經銷商）來說是一種比較有效的方法，但是對單一店面人數較少的連鎖經營企業（如烘焙店）就很不合適，那麼對於員工餐方面應如何管理呢？

1. 員工餐管理

　　如果伙食津貼能夠解決的就用伙食津貼解決，伙食津貼不能解決的企業要配置相關設備並結合伙食津貼解決，仍然解決不了的考慮外送解決，一般不選擇自建食堂。重口難調，再好吃的食品長時間吃也會生厭的，與其花錢還不得員工歡心，還不如直接給錢，有員工自己按照自己

的需求來解決。

好多公司是以伙食津貼的形式解決員工餐的，但是按月為單位，每月一定的標準額或直接在工資中展現或以福利的形式報銷。員工餐顧名思義，工作的時候解決員工吃飯的一項福利，如果員工沒有上班，理論上就不能夠享受當天此項福利，如果不分是否上班都提供此福利，是人工成本的一大浪費。也違背了本書在連鎖經營企業人工成本管控章節中闡述的人工成本管控的目的與意義。對於員工餐的管控，連鎖經營企業可以透過考勤系統的改造實現，凡員工上班考勤，系統就透過其統計功能，直接合計出當月的出勤天數。

本書前面詳細介紹了連鎖經營企業考勤系統的功能，透過唯一的考勤號碼，考勤系統可以統計出企業與員工的工時狀況，如因員工延長工時導致當月工時超出標準工時者，企業可以在淡季安排員工帶薪休息以還企業所欠工時，員工在休息的時候自然就不可能進行考勤作業，員工在休息期間雖享受帶薪待遇，但工作伙食津貼不應予以享受。

考勤系統統計了實際出勤天數，可以在考勤系統上延展工作伙食津貼系統，透過考勤系統統計功能統計出員工實際出勤天數，只要在工作伙食津貼系統中設置「補貼金額＝實際出勤天數 × 出勤補貼餐數 × 每伙食津貼金額（支援自訂功能）」的公式，就可以直接透過此系統核算出每個考勤號碼指定人員的工作伙食津貼金額，只要每伙食津貼金額符合市場條件，就達到了設計工作伙食津貼的效果，又實現了人工成本的有效管控。

部分員工出於衛生及費用考慮，會選擇自帶便當，企業應在門市中提供加熱設備，同時按照上面介紹的伙食津貼模式享受伙食津貼。

對於定點配送及自建食堂提供員工餐的企業，有的企業是按月定額

為員工加值餐卡的模式進行管控，同樣也不贊成此管控方式，因為仍然存在人工成本浪費的問題。企業可以將考勤系統與食堂餐卡系統合二為一，員工到食堂吃飯需在取餐處刷卡，這樣食堂不但能夠透過刷卡數統計每天就餐人員數，為食堂管理提供了堅實的數據基礎，同時透過考勤系統，企業也可以實現每個員工一定周期內享受到公司提供員工餐的次數，在已知員工餐標準的基礎上企業就很容易核算員工餐方面支付給指定人員的相關費用，這樣就為員工個體受益平衡管控提供直接數據支援，為建立內部公平的工作環境奠定了堅實的基礎。

2. 員工宿舍管理

員工宿舍管理較之於員工餐管控要複雜得多，特別是連鎖經營企業，因經營單元分散，配套經營的員工宿舍也是非常分散的，特別是單店人員較少的連鎖經營企業，員工宿舍管理就更加複雜，它不僅涉及員工住宿的舒適與企業成本管控的平衡問題，企業還有可能承擔員工在宿舍中一切意外的連帶責任承擔問題。

為此，企業一定要重視員工宿舍管控工作，既達到員工安心住宿的目的，還要兼顧宿舍管理的成本管控及員工個性住宿需求目的。對於員工宿舍管理，企業應採取在成本可控範圍內以經濟補償、集中解決住宿及企業提供便利相結合的組合管控模式。

集體宿舍可以解決員工上班期間的生活問題，因宿舍的提供會衍生一系列的管理難題，如員工在集體宿舍中財物丟失，員工不愛惜公共財物造成的設施設備維修，非宿舍人員夜宿宿舍，員工因工作或其他原因在宿舍尋短，在宿舍不小心導致的傷害等，有的讀者可能會說這些問題都不是問題，主要還是在管理做得不完善造成的，所以企業員工住宿的

解決之道不以提供宿舍為主，但不代表不能提供，而是可以作為解決員工住宿問題的重要方式。

　　連鎖經營企業很多員工宿舍都採用租賃形式提供給員工住宿，企業與其承擔那麼多的租費還不如將相應費用以現金形式發放給員工，由員工自己解決住宿問題，但是這樣操作有兩個矛盾點，第一個就是補貼的費用不一定能夠支付員工自行租賃的房屋租金；第二個是員工還需要花精力解決尋找住宿的問題。如果這麼兩個問題解決了，上面介紹的員工宿舍提供造成的一系列問題就全部解決了。

　　很多員工都是非當地員工，剛到一個新的城市或剛換一份工作難免會出現陌生感，企業應提供一個固定的宿舍解決員工臨時性住宿問題直到他自己能解決住宿問題為止，同樣員工也可以選擇就住在公司提供的集體宿舍裡。員工有租住宿舍的想法可以透過前文介紹的連鎖經營企業員工線上管理系統透過門市資訊平臺上傳總部人力資源部門（如果連鎖經營企業以區域為單位都會有一個人力資源部門）尋求幫助，同樣員工也可以自己透過自己的資源與管道尋找宿舍，一旦宿舍資源找到，員工辦理相關手續後就可搬住到自己找的宿舍中。

　　為了更加有效地對員工住宿問題進行管理，以解決員工宿舍費用分擔及企業人工成本管理的問題，連鎖經營企業可以在員工線上管理系統的基礎上研發員工宿舍管理系統，前文詳細介紹了員工線上管理系統，此系統是與員工檔案系統、員工考勤系統可互相搜索的。員工住宿管理系統，紀錄員工住所具體所在地地址及房型結構、已住人數、是否接受與其他員工合租資訊，按照員工線上管理系統操作方式透過門市資訊平臺進行資訊上報，員工必須提供以上資訊作為兌現住宿補貼的條件。透過此系統一旦有員工透過員工線上管理系統上報住房需求，人力資源部

門負責員工宿舍管理的員工就可以按照區域與相應有合租需求的員工聯繫，這樣不但解決了員工需找宿舍的難題，同樣也分擔了租賃房間的租賃費用，同時也實現了員工住宿問題的管理並解決了以上提到的提供宿舍的難題。

為了規範管理，企業提供的公共宿舍能夠取消則取消，實在不能取消的，員工入住時應提前簽署入住公約，明確約定入住宿舍期間應承擔的義務以及出現意外時的責任，同時還應接受企業宿舍管理制度要求及督察部門的檢查、考核。

附：員工宿舍入住協議書

甲方（公司方）：_

宿舍地址：_

乙方（入住方）：_

身分證字號：_

甲方為提供員工一個良好的生活環境，需加強公司員工宿舍的管理。經甲乙雙方平等協商一致，明確雙方的權利義務關係，就員工入住相關事項共同簽訂本協議。

1. 乙方必須遵守甲方的各項規章制度及員工宿舍管理規定。

2. 乙方在入住時由甲方統一安排宿舍，未經甲方允許，乙方不得私自調換宿舍。

3. 不得破壞宿舍房屋建造結構（如拆牆、打孔），不得損壞房屋裝修結構及公物（如牆壁釘釘子、私自更改電源插座、牆壁亂塗、亂張貼）。若乙方造成宿舍房屋結構破壞或損壞公共設備，乙方須按實際維修費用支付給甲方及直接照價賠償，或甲方按規章制度進行處罰。

4. 服從宿舍舍長管理，確實做好宿舍安全及衛生等日常工作，乙方必須做宿舍清潔衛生工作，宿舍內要做到無垃圾、無雜物、乾淨整潔。若乙方未能按甲方規定做好宿舍安全及衛生，甲方有權不讓乙方入住員工宿舍。

5. 乙方個人物品自行妥善保管，貴重物品自行攜帶或安置妥當，如有丟失、被盜情況出現，甲方除協助調查、完善宿舍管理工作外，不

負責丟失、被盜物品的賠償與補償。

6. 乙方不得將違禁品、危害物品帶入宿舍、不得在宿舍內從事非法活動、不得有偷盜行為。乙方有類似行為，情節嚴重的送警察機關處理。

7. 甲方嚴格禁止外來人員入住、嚴格禁止男女互進宿舍。乙方若有違規，甲方按規章制度處罰。

8. 乙方遷出退住時，必須做好財產、固定設施、宿舍鑰匙的移交，並由宿舍舍長檢查無問題方可辦理退住。若乙方造成甲方財產損失，乙方須照價賠償。

9. 乙方入住期間，該宿舍發生的水、電、氣、物管等費用由入住員工根據實際費用進行均攤，且乙方同意每月以現金的形式交予宿舍舍長。

10. 入住宿舍時統一以現金形式預存 1,000 元水、電、氣、物管費用，對於入住宿舍不滿一個月搬出，或自動離職未辦理遷出手續費用未結清者，按 20 元 / 天的標準支付水電物業管理費。離職或搬遷人員，必須辦理宿舍遷出手續，手續齊全並且無欠費現象者，如數返還 1,000 元預存費用。

11. 員工宿舍由甲方統一管理，入住員工需承擔 50 元 / 月的管理費用，當月住宿不滿一個月的按一個月費用標準收取。

12. 本協議一式兩份，甲、乙雙方各執一份（複印無效），協議未盡事項，甲乙雙方可另行議定。本協議自簽訂日起生效。

甲方（簽章）：　　　　　　　　　　年　　　月　　　日

乙方（簽名）：　　　　　　　　　　年　　　月　　　日

連鎖經營學，建立優勢，人才管理與效益最大化：

連鎖經營企業的人才領導與培訓策略，建立健全機制，人力資源成本管理的智慧

作　　　者：李善奎

發 行 人：黃振庭

出 版 者：財經錢線文化事業有限公司

發 行 者：財經錢線文化事業有限公司

E-mail：sonbookservice@gmail.com

粉 絲 頁：https://www.facebook.com/sonbookss/

網　　　址：https://sonbook.net/

地　　　址：台北市中正區重慶南路一段六十一號八樓 815 室

Rm. 815, 8F., No.61, Sec. 1, Chongqing S. Rd., Zhongzheng Dist., Taipei City 100, Taiwan

電　　　話：(02)2370-3310

傳　　　真：(02)2388-1990

印　　　刷：京峯數位服務有限公司

律師顧問：廣華律師事務所 張珮琦律師

國家圖書館出版品預行編目資料

連鎖經營學，建立優勢，人才管理與效益最大化：連鎖經營企業的人才領導與培訓策略，建立健全機制，人力資源成本管理的智慧 / 李善奎 著 . -- 第一版 . -- 臺北市：財經錢線文化事業有限公司, 2024.04

面；　公分

POD 版

ISBN 978-957-680-847-0(平裝)

1.CST: 連鎖商店 2.CST: 企業經營 3.CST: 組織管理

498.93　113003877

定　　　價：375 元

發行日期： 2024 年 04 月第一版

◎本書以 POD 印製

電子書購買

臉書

爽讀 APP